Mohamed Hafedh Hamza

Vulnérabilité à la pollution des nappes phréatiques

Mohamed Hafedh Hamza

Vulnérabilité à la pollution des nappes phréatiques

Application par les SIG et évaluation des méthodes paramétriques DRASTIC, SINTACS et SI dans deux nappes en Tunisie

Presses Académiques Francophones

Impressum / Mentions légales

Bibliografische Information der Deutschen Nationalbibliothek: Die Deutsche Nationalbibliothek verzeichnet diese Publikation in der Deutschen Nationalbibliografie; detaillierte bibliografische Daten sind im Internet über http://dnb.d-nb.de abrufbar.

Alle in diesem Buch genannten Marken und Produktnamen unterliegen warenzeichen-, marken- oder patentrechtlichem Schutz bzw. sind Warenzeichen oder eingetragene Warenzeichen der jeweiligen Inhaber. Die Wiedergabe von Marken, Produktnamen, Gebrauchsnamen, Handelsnamen, Warenbezeichnungen u.s.w. in diesem Werk berechtigt auch ohne besondere Kennzeichnung nicht zu der Annahme, dass solche Namen im Sinne der Warenzeichen- und Markenschutzgesetzgebung als frei zu betrachten wären und daher von jedermann benutzt werden dürften.

Information bibliographique publiée par la Deutsche Nationalbibliothek: La Deutsche Nationalbibliothek inscrit cette publication à la Deutsche Nationalbibliografie; des données bibliographiques détaillées sont disponibles sur internet à l'adresse http://dnb.d-nb.de.

Toutes marques et noms de produits mentionnés dans ce livre demeurent sous la protection des marques, des marques déposées et des brevets, et sont des marques ou des marques déposées de leurs détenteurs respectifs. L'utilisation des marques, noms de produits, noms communs, noms commerciaux, descriptions de produits, etc, même sans qu'ils soient mentionnés de façon particulière dans ce livre ne signifie en aucune façon que ces noms peuvent être utilisés sans restriction à l'égard de la législation pour la protection des marques et des marques déposées et pourraient donc être utilisés par quiconque.

Coverbild / Photo de couverture: www.ingimage.com

Verlag / Editeur:
Presses Académiques Francophones
ist ein Imprint der / est une marque déposée de
OmniScriptum GmbH & Co. KG
Heinrich-Böcking-Str. 6-8, 66121 Saarbrücken, Deutschland / Allemagne
Email: info@presses-academiques.com

Herstellung: siehe letzte Seite /
Impression: voir la dernière page
ISBN: 978-3-8381-7587-4

Zugl. / Agréé par: Tunis, Faculté des Sciences de Tunis, 2007

Copyright / Droit d'auteur © 2014 OmniScriptum GmbH & Co. KG
Alle Rechte vorbehalten. / Tous droits réservés. Saarbrücken 2014

Dédicaces

✧ A mon cher père Mohamed Mokhtar et à ma chère mère Yasmina,
A qui je dois ce que je suis,
Qu'ils trouvent dans ce travail, le fruit de leurs sacrifices pour mon éducation, l'expression de mon amour et de ma gratitude pour la bienveillance avec laquelle ils m'ont toujours entourés,
Que dieu leur préserve bonne santé et longue vie.

✧ A ma chère femme Nour El Houda et à ma chère fille Safinez.

✧ A ma chère sœur Chiraz, à son mari Houssem et à son fils Bèdis.
A ma chère sœur Inès.

✧ Aux âmes de mes grands-pères Ismail et Mohamed.
A mes chères grands-mères Chelbiya et Sallouha.

✧ A toute ma famille à Metline : mes tantes et mes oncles paternels et maternels, mes cousines et mes cousins Dr Abdel Alim, Samir, Mondher, Idris, Jamel, Mohamed, Malek, Mohamed, Adel, Fethi, Walid, Ismail, Marouène, Sélim, Walid, Kaïs, Yosri…

✧ A mon beau-père Abd El Méjid BOULARES, à ma belle-mère Souad JAAFAR, à mes beaux-frères Nour Allah, Yacine, et Amine et aux oncles et aux tantes de ma femme des familles BOULARES et JAAFAR de Metline.

✧ A la famille du Professeur Ramiro RODRIGUEZ CASTILLO Professeur à l'Institut de Géophysique de Mexico qui m'a amicalement accueilli lors de mon séjour au Mexique en 2002. Je cite spécialement Mamma Julia, Christianne, Leiticia, Fidel et Frida.

✧ A ma merveilleuse ville, Metline.

✧ Remerciements ✧

✧ Les mots sont faibles pour exprimer toute la gratitude que je porte à Mr Ayed ADDED Maître de Conférences au Département de Géologie de la Faculté des Sciences de Tunis qui m'a proposé le sujet de ma thèse et qui m'a amicalement soutenu et encadré dans ce travail et chez qui j'ai trouvé l'appui scientifique et moral désirable. Je tiens tout personnellement à le remercier de m'avoir orienté depuis la préparation de mon DEA vers cette discipline et de m'avoir prodigué ses précieux conseils.

✧ Que Mr Hamed BEN DHIA Professeur à l'Ecole Nationale d'Ingénieurs de Sfax, trouve ici l'expression de ma profonde reconnaissance pour avoir accepté de me faire l'honneur de présider le jury de ma thèse.

✧ Je suis très reconnaissant à Mr Mohamed Chedly RABIA Professeur à la Faculté des Lettres de Manouba qui a bien accepté de me faire l'honneur d'être rapporteur et membre du jury.

✧ Toute ma gratitude à Mr Moncef CHALBAOUI Maître de Conférences à la Faculté des Sciences de Gafsa qui a bien accepté de me faire l'honneur d'être rapporteur et membre du jury.

✧ Je suis très reconnaissant à Mr Abdallah BEN MAMMOU Professeur à la Faculté des Sciences de Tunis qui a bien accepté de me faire l'honneur d'être examinateur et membre du jury. Je le remercie infiniment pour ses précieux conseils au cours de la préparation de ma thèse.

✧ Toute ma gratitude et ma reconnaissance à Mr Ramiro RODRIGUEZ CASTILLO Professeur à l'Institut de Géophysique de Mexico (Université Nationale Autonome du Mexique) qui m'a accueilli dans son laboratoire en 2002 et qui m'a fait bénéficier de ses précieux conseils au cours de la préparation de ma thèse et qui a bien voulu accepter notre invitation à la soutenance.

✧ Je suis très reconnaissant à Mr Saâdi ABDELJAOUED Professeur au Département de Géologie de la Faculté des Sciences de Tunis et Directeur du Laboratoire des Ressources Minérales et Environnement pour ses précieux conseils et son aide au cours de la préparation de ma thèse.

✧ Toute ma gratitude et ma considération à Mr Boubaker KOUMENE Maître de Conférences au Département de Géologie de la Faculté des Sciences de Tunis pour ses précieux conseils au cours de la préparation de ma thèse.

✧ Mes remerciements s'adressent également à Mr Ahmed AZZOUZ Directeur de la société de prospection hydrogéologique "Hydro-Services" et Mr Abderrasoul AZZOUZ cadre de cette société, à Mr Mohamed Habib BEN SAID Directeur adjoint du CRDA de Bizerte, Mr Rachid SIA, Mr Hechmi BARGUELLIL, Mr Mokhtar BEN AHMED et Mr Hammouda HAMZA cadres du CRDA de Bizerte, à Mr Gouider BEN SAID et Mr Taher YERMANI cadres de la Direction de Sols et à Mr Ridha EL GALAI cadre de l'ONM pour leur aide précieuse en matière de données bibliographiques.

✧ Je suis très reconnaissant à Mr Dhaou BOUAGILA Directeur du collège Ibn Khaldoun de Manouba dans lequel j'enseigne actuellement, pour sa grande compréhension et sa gentillesse. Je remercie également les directeurs et les cadres des lycées avec lesquels j'ai eu l'honneur de travailler, notamment : Mr Noureddine BAKHOUCH Directeur du lycée secondaire de Gaâfour, Mrs Faouzi BEN HAMMADI et Mohamed Lakhdhar MAHOUACHI anciens censeurs du même lycée, Mr Salem OUESLATI préparateur au même lycée, Mr Mohamed BEN ESSEBTI Directeur du lycée Hannibal de Tebourba, Mme Néziha préparatrice et Mr Béchir économe au même lycée, Mr SAIDI ancien Directeur du collège Ibn Khaldoun de Manouba.

Je suis également très reconnaissant à mon cher ami et collègue Mr Ridha BEN REJEB censeur du lycée Ennasr El Menzah et à Mr Mokded DRIDI chef de service de l'enseignement secondaire de Manouba.

✧ Je remercie enfin tous mes amis, notamment Maher, Walid, Khaled, Dr Ridha, Dr Moez, Dr Sabri, Dr Nadia, Mohsen, Mohamed, Béchir, Walid, Rochdi, Jamel, Azzouz, Salah...

Table des Matières

Introduction générale... 1

Première partie : Notion de vulnérabilité à la pollution des aquifères et méthodes d'évaluation

I- Notion de vulnérabilité à la pollution des nappes aquifères.................... 6

II- Méthodes d'évaluation de la vulnérabilité... 6

II-1- Les méthodes comparatives... 6

II-2- Les méthodes des relations analogiques et des modèles numériques...... 7

II-3- Méthodes des systèmes paramétriques... 7

II-3-1- Le groupe matriciel... 7

II-3-2- Le groupe de classes... 7

II-3-3- Le groupe de classes pondérées... 7

III- Les systèmes d'information géographique SIG..................................... 7

III-1- Historique.. 7

III-2- Définitions... 8

III-3- Les composantes d'un SIG... 8

III-3-1- La composante acquisition de données... 8

III-3-2- La composante gestion de la base de données.................................... 9

III-3-3- La composante restitution de données.. 9

III-4- Les avantages des SIG... 9

IV- Méthodes de vulnérabilité utilisées... 9

IV-1- La méthode DRASTIC... 10

IV-1-1- Présentation de la méthode DRASTIC... 10

IV-1-2- Les paramètres de la méthode DRASTIC... 11

IV-1-2-1- La profondeur du plan d'eau (D = Depth to water)........................... 11

IV-1-2-2- La recharge efficace (R = net Recharge).. 11

IV-1-2-3- Le milieu aquifère (A = Aquifer media)... 11

IV-1-2-4- Le type de sol (S = Soil media)... 12

IV-1-2-5- La pente du terrain (T = Topography).. 12

IV-1-2-6- Impact de la zone vadose (I = Impact of the vadose zone)................ 12

IV-1-2-7- La conductivité hydraulique de l'aquifère (C = hydraulic conductivity of the aquifer)... 13

IV-1-3- Versions de la méthode DRASTIC... 13

IV-2- La méthode SINTACS... 17
IV-2-1- Présentation de la méthode SINTACS.. 17
IV-2-2- Les paramètres de la méthode SINTACS.. 20
IV-2-2-1- La profondeur du plan d'eau (S = Soggiacenzia en italien)............................ 20
IV-2-2-2- La recharge efficace de l'aquifère (I = infiltrazione en italien)....................... 20
IV-2-2-3- Effet de l'auto-épuration de la zone vadose (N = effeto di autoepurazione del non-saturo en italien)... 22
IV-2-2-4- Le type de sol (T = typologia della copertura en italien)................................. 23
IV-2-2-5- Les caractéristiques hydrogéologiques de l'aquifère (A = caratteristiche idrogeologische dell'acquifero en italien)... 26
IV-2-2-6- la conductivité hydraulique de l'aquifère (C = conductibilità dell'acquifero en italien)... 27
IV-2-2-7- la pente topographique (S = l'acclivita della superficie topografica en italien)....... 28
IV-3- La méthode SI (Susceptibility Index)... 28
IV-3-1- Présentation de la méthode SI... 28
IV-3-2- Les principaux contaminants associés aux pratiques agricoles........................... 31
IV-3-3- Détermination de l'indice de susceptibilité SI... 32

Deuxième partie : Application des méthodes paramétriques de vulnérabilité DRASTIC, SINTACS et SI à la nappe de Ras Jebel
Chapitre I : Cadre général de la nappe de Ras Jebel... 37
I- Localisation géographique... 38
II- Conditions climatiques.. 38
III- Réseau Hydrographique.. 38
IV- Tectonique.. 41
IV-1- Histoire tectonique... 41
IV-2- Structure tectonique... 41
V- Morphologie du bassin versant.. 47
VI- Hydrogéologie de la nappe de Ras Jebel... 47
VI-1- Historique.. 47
VI-2- Conditions hydrogéologiques.. 47
VI-3- Principales caractéristiques hydrogéologiques de la nappe de Ras Jebel.................. 51
VI-3-1- Géométrie de l'aquifère... 51
VI-3-2- Paramètres hydrodynamiques : transmissivité et coefficient d'emmagasinement....... 51
VI-3-3- Alimentation et écoulement naturel de l'aquifère.. 51
VI-3-4- Piézométrie de l'aquifère... 52

VI-3-4-1- Zone de Bhirett Beni Ata... 52

VI-3-4-2- Zone de Ras Jebel.. 52

VI-3-4-3- Zone de Ras Jebel - Raf Raf.. 52

Chapitre II : Application de la méthode DRASTIC, en ses deux versions standard et pesticides, à la nappe de Ras Jebel... **55**

I- Elaboration des cartes des paramétriques DRASTIC... 56

I-1- Carte de la profondeur du plan d'eau... 56

I-2- Carte de la recharge nette de l'aquifère.. 56

I-2-1- Calcul de la recharge nette selon la méthode de la balance hydrique................ 56

I-2-2- Calcul de la recharge nette selon la méthode de Williams et Kissel.................. 59

I-2-3- Calcul de la recharge nette selon la méthode de Rao....................................... 62

I-2-4- Discussion des méthodes de recharge nette utilisées.. 62

I-3- Carte lithologique de l'aquifère.. 65

I-4- Carte pédologique.. 72

I-5- Carte des pentes... 75

I-6- Carte lithologique de la zone vadose... 75

I-7- Carte de conductivité hydraulique de l'aquifère.. 75

II- Vulnérabilité déterminée par la méthode DRASTIC standard............................... 79

III- Vulnérabilité déterminée par la méthode DRASTIC pesticides........................... 82

Chapitre III : Application de la méthode SINTACS à la nappe de Ras Jebel............... **85**

I- Elaboration des cartes paramétriques SINTACS.. 86

I-1- Carte de la profondeur du plan d'eau... 86

I-2- Carte de la recharge efficace de l'aquifère.. 86

I-3- Carte de l'effet de l'auto-épuration de la zone vadose... 90

I-4- Carte pédologique.. 90

I-5- Carte des caractéristiques hydrogéologiques de l'aquifère.................................. 90

I-6- Carte de la conductivité hydraulique de l'aquifère... 90

I-7- Carte des pentes... 90

II- Vulnérabilité déterminée par la méthode SINTACS... **96**

Chapitre IV : Application de la méthode SI à la nappe de Ras Jebel........................... **101**

I- Elaboration des cartes paramétriques SI... **102**

I-1- Carte de la profondeur du plan d'eau... 102

I-2- Carte de la recharge nette de l'aquifère.. 102

I-3- Carte lithologique de l'aquifère.. 102

I-4- Carte des pentes... 102

I-5- Carte d'occupation des sols... 102
II- Vulnérabilité déterminée par la méthode SI.. 107
Chapitre V : Vulnérabilité à la pollution par les nitrates de la nappe de Ras Jebel, validité des résultats... 111
I- Vérification de la validité de la carte de vulnérabilité DRASTIC standard............ 112
II- Vérification de la validité de la carte de vulnérabilité SINTACS......................... 116
III- Vérification de la validité de la carte de vulnérabilité SI.................................... 116
IV- Conclusions.. 118
Conclusion... 119

Troisième partie : Application des méthodes paramétriques de vulnérabilité DRASTIC, SINTACS et SI à la nappe de l'Oued Guéniche
Chapitre I : Cadre général de la nappe de l'Oued Guéniche.. 123
I- Localisation géographique... 124
II- Climat... 124
III- Réseau Hydrographique.. 126
VI- Configuration tectonique et structurale... 126
V- Géologie des affleurements.. 128
V-1- Les dépôts quaternaires... 128
IV-2- Les dépôts anté-quaternaires.. 130
VI- Géologie en profondeur.. 130
VI-1- Données des sondages mécaniques.. 130
VI-2- Données de prospection électrique.. 131
VI-3- Corrélations lithostratigraphiques.. 131
VII- Caractéristiques hydrogéologiques.. 140
VII-1- Formation aquifère.. 140
VII-2- Piézométrie... 140
VII-2-1- Sens d'écoulement de la nappe... 142
VII-2-2- Gradients hydrauliques... 142
VII-2-3- Zones d'alimentation.. 143
Chapitre II : Application de la méthode DRASTIC, en ses deux versions standard et pesticides, à la nappe de l'Oued Guéniche.. 144
I- Elaboration des cartes des paramétriques DRASTIC... 145
I-1- Carte de la profondeur du plan d'eau.. 145
I-2- Carte de la recharge nette de l'aquifère... 147
I-3- Carte lithologique de l'aquifère.. 148

I-4- Carte pédologique... 151
I-4-1- Données pédologiques utilisée... 151
I-4-2- Préparation de la carte pédologique DRASTIC.. 165
I-5- Carte des pentes... 165
I-6- Carte lithologique de la zone vadose... 165
I-7- Carte de conductivité hydraulique de l'aquifère.. 165
II- Vulnérabilité déterminée par la méthode DRASTIC standard............................ 171
III- Vulnérabilité déterminée par la méthode DRASTIC pesticides......................... 171
Chapitre III : Application de la méthode SINTACS à la nappe de l'Oued Guéniche..... 176
I- Elaboration des cartes paramétriques SINTACS... 177
I-1- Carte de la profondeur du plan d'eau... 177
I-2- Carte de la recharge efficace de l'aquifère... 177
I-3- Carte de l'effet de l'auto-épuration de la zone vadose................................... 177
I-4- Carte pédologique... 181
I-5- Carte des caractéristiques hydrogéologiques de l'aquifère........................... 181
I-6- Carte de conductivité hydraulique de l'aquifère... 181
I-7- Carte des pentes.. 181
II- Vulnérabilité déterminée par la méthode SINTACS... 181
Chapitre IV : Application de la méthode SI à la nappe de l'Oued Guéniche............ 191
I- Elaboration des cartes paramétriques SI... 192
I-1- Carte de la profondeur du plan d'eau... 192
I-2- Carte de la recharge nette de l'aquifère... 192
I-3- Carte lithologique de l'aquifère.. 192
I-4- Carte des pentes.. 192
I-5- Carte d'occupation des sols.. 192
II- Vulnérabilité déterminée par la méthode SI.. 197
Chapitre V : Vulnérabilité à la pollution par les nitrates de la nappe de l'Oued Guéniche, validité des résultats... 200
I- Vérification de la validité de la carte de vulnérabilité DRASTIC standard............ 201
II- Vérification de la validité de la carte de vulnérabilité SINTACS......................... 205
III- Vérification de la validité de la carte de vulnérabilité SI.................................... 205
IV- Conclusions... 207
Conclusion... 208
Conclusion générale.. 211
Références Bibliographiques.. 214

Annexes.. 221

Liste des Figures

- **Fig. 1** : Carte de localisation des nappes phréatiques de Ras Jebel et de l'Oued Guéniche (Projection: Lambert Nord Tunisie, Unité linéaire: Kilomètres) **3**
- **Fig. 2** : Pollution par les nitrates émanant d'un terrain agricole vers un aquifère sableux non confiné (Rabis Creek, Danemark)... **31**
- **Fig. 3** : Carte de localisation de la nappe de Ras Jebel (Projection: Lambert Nord Tunisie, Unité linéaire: Kilomètres).. **39**
- **Fig. 4** : Isohyètes de la région d'étude... **40**
- **Fig. 5** : Schéma tectonique du bassin versant de Metline - Ras Jebel - Raf Raf............... **42**
- **Fig. 6** : Emplacements des coupes géologiques AA', BB', CC', et DD' effectuées au niveau du bassin versant de Metline - Ras Jebel - Raf Raf... **43**
- **Fig. 7** : Coupe géologique AA'.. **44**
- **Fig. 8** : Coupe géologique BB'.. **44**
- **Fig. 9** : Coupe géologique CC'.. **46**
- **Fig. 10** : Coupe géologique DD'... **46**
- **Fig. 11** : Carte géologique de la nappe de Ras Jebel... **49**
- **Fig. 12** : Carte piézométrique de la nappe de Ras Jebel.. **53**
- **Fig. 13** : Carte de la profondeur du plan d'eau de la nappe de Ras Jebel (méthode DRASTIC)... **57**
- **Fig. 14** : Carte DRASTIC de la recharge nette de la nappe de Ras Jebel, (méthode de la balance hydrique).. **59**
- **Fig. 15** : Périmètre irrigué de Ras Jebel.. **61**
- **Fig. 16** : Carte des groupes hydrologiques des sols de la région de Ras Jebel.................. **63**
- **Fig. 17** : Carte DRASTIC de la recharge nette de la nappe de Ras Jebel (méthode de Williams et Kissel) **64**
- **Fig. 18** : Carte DRASTIC de la recharge nette de la nappe de Ras Jebel, (méthode de Rao) **65**
- **Fig. 19** : Carte montrant les corrélations stratigraphiques établies entre les forges M1, M2, M3bis, M4, M5, M6, M7, M8 et M9... **66**
- **Fig. 20** : Corrélation lithostratigraphique de direction NO/SE entre les logs M1, M2, M3bis, M9, M8 et M5, montrant l'étendue et la lithologie de la zone vadose et de la zone saturée à ce niveau de la nappe de Ras Jebel.. **67**
- **Fig. 21** : Corrélation lithostratigraphique de direction NO/SE entre les logs M4, M6, M7 et M5, montrant l'étendue et la lithologie de la zone vadose et de la zone saturée à ce niveau de la nappe de Ras Jebel... **68**
- **Fig. 22** : Carte lithologique de l'aquifère de la nappe de Ras Jebel (méthode DRASTIC)... **69**
- **Fig. 23** : Carte pédologique de la région de Ras Jebel.. **73**
- **Fig. 24** : Carte pédologique de la région de Ras Jebel (classification DRASTIC)............... **74**
- **Fig. 25** : Carte des pentes de la région de Ras Jebel (méthode DRASTIC)......................... **76**
- **Fig. 26** : Carte lithologique de la zone vadose de la nappe de Ras Jebel............................ **77**
- **Fig. 27** : Carte lithologique de la zone vadose de la nappe de Ras Jebel (méthode DRASTIC).. **78**
- **Fig. 28** : Carte de conductivité hydraulique de l'aquifère de la nappe de Ras Jebel (méthode DRASTIC)... **80**
- **Fig. 29** : Carte de vulnérabilité DRASTIC standard de la nappe de Ras Jebel.................... **81**
- **Fig. 30** : Carte de vulnérabilité DRASTIC pesticides de la nappe de Ras Jebel.................. **83**
- **Fig. 31** : Carte de la profondeur du plan d'eau de la nappe de Ras Jebel (méthode SINTACS)... **87**
- **Fig. 32** : Carte des coefficients d'infiltration potentielle χ de la nappe de Ras Jebel...... **88**
- **Fig. 33** : Carte de recharge efficace de la nappe de Ras Jebel (méthode SINTACS).......... **89**

- **Fig. 34** : Carte de l'effet de l'auto-épuration de la zone vadose de la nappe de Ras Jebel (méthode SINTACS).. 91
- **Fig. 35** : Carte pédologique de la région de Ras Jebel (classification SINTACS).............. 92
- **Fig. 36** : Carte de la lithologie de l'aquifère de la nappe de Ras Jebel (méthode SINTACS) 93
- **Fig. 37** : Carte de la conductivité hydraulique de l'aquifère de la nappe de Ras Jebel (méthode SINTACS)... 94
- **Fig. 38** : Carte des pentes de la région de Ras Jebel (méthode SINTACS)....................... 95
- **Fig. 39** : Carte de vulnérabilité SINTACS de la nappe de Ras Jebel, scénario "Impact Normal".. 97
- **Fig. 40** : Carte de vulnérabilité SINTACS de la nappe de Ras Jebel, scénario "Impact Sévère".. 98
- **Fig. 41** : Carte de vulnérabilité SINTACS de la nappe de Ras Jebel........................... 99
- **Fig. 42** : Carte de la profondeur du plan d'eau de la nappe de Ras Jebel (méthode SI).. 103
- **Fig. 43** : Carte de recharge nette de la nappe de Ras Jebel (méthode SI)....................... 104
- **Fig. 44** : Carte de la lithologie de l'aquifère de la nappe de Ras Jebel (méthode SI).......... 105
- **Fig. 45** : Carte des pentes de la nappe de Ras Jebel (méthode SI)................................ 106
- **Fig. 46** : Carte d'occupation des sols de la nappe de Ras Jebel (méthode SI)................. 108
- **Fig. 47** : Carte de vulnérabilité à la pollution spécifique par les nitrates de la nappe de Ras Jebel (méthode SI)... 109
- **Fig. 48** : Répartition des nitrates dans la carte DRASTIC standard de la nappe de Ras Jebel.. 113
- **Fig. 49** : Répartition des nitrates dans la carte SINTACS de la nappe de Ras Jebel............ 114
- **Fig. 50** : Répartition des nitrates dans la carte SI de la nappe de Ras Jebel..................... 115
- **Fig. 51** : Carte de localisation de la nappe de l'Oued Guéniche................................... 125
- **Fig. 52** : Niveaux pluviométriques au niveau de la nappe de l'Oued Guéniche................ 127
- **Fig. 53** : Carte géologique de la nappe de l'Oued Guéniche.. 129
- **Fig. 54** : Coupes lithostratigraphiques AA', BB', CC', DD', EE' et FF', établies au niveau de la nappe de l'Oued Guéniche... 132
- **Fig. 55** : Coupe AA' établie au niveau de la nappe de l'Oued Guéniche........................ 133
- **Fig. 56** : Coupe BB' établie au niveau de la nappe de l'Oued Guéniche........................ 135
- **Fig. 57** : Coupe CC' établie au niveau de la nappe de l'Oued Guéniche........................ 136
- **Fig. 58** : Coupe DD' établie au niveau de la nappe de l'Oued Guéniche....................... 137
- **Fig. 59** : Coupe EE' établie au niveau de la nappe de l'Oued Guéniche........................ 138
- **Fig. 60** : Coupe FF' établie au niveau de la nappe de l'Oued Guéniche........................ 139
- **Fig. 61** : Carte piézométrique de la nappe de l'Oued Guéniche.................................. 141
- **Fig. 62** : Carte de la profondeur du plan d'eau de la nappe de l'Oued Guéniche (méthode DRASTIC)... 146
- **Fig. 63** : Carte des groupes hydrologiques des sols de la nappe de l'Oued Guéniche......... 149
- **Fig. 64** : Carte de la recharge nette de la nappe d'Oued Guéniche (méthode DRASTIC).... 150
- **Fig. 65** : Corrélation lithostratigraphique de direction ONO/ESE entre les logs 4851/1, 5141/1 et 8815/1, montrant l'étendue et lithologie de la zone vadose et de la zone saturée à ce niveau de la nappe de l'Oued Guéniche.. 152
- **Fig. 66** : Corrélation lithostratigraphique de direction ONO/ESE entre les logs 2438/1 et 5184/1, montrant l'étendue et la lithologie de la zone vadose et de la zone saturée à ce niveau de la nappe de l'Oued Guéniche.. 153
- **Fig. 67** : Corrélations lithostratigraphiques de direction ONO/ESE entre les logs 8587/1 et 8919/1 montrant l'étendue et la lithologie de la zone vadose et de la zone saturée à ce niveau de la nappe de l'Oued Guéniche.. 154

- **Fig. 68** : Corrélation de direction NNE/SSO entre le log 8587/1 et des mesures de la résistivité électrique, montrant l'étendue et la lithologie de la zone vadose et de la zone saturée à ce niveau de la nappe de l'Oued Guéniche... 155
- **Fig. 69** : Corrélation lithostratigraphique de direction SSO/NNE entre les logs 5141/1, 5150/1, 2438/1, 2359/1, 5080/1, 5271/1 et 5181/1, montrant l'étendue et la lithologie de la zone vadose et de la zone saturée à ce niveau de la nappe de l'Oued Guéniche................. 156
- **Fig. 70** : Corrélation lithostratigraphique de direction SSO/NNE entre les logs 8815/1, 5140/1 et 5184/1 montrant l'étendue et la lithologie de la zone vadose et de la zone saturée à ce niveau de la nappe de l'Oued Guéniche... 157
- **Fig. 71** : Carte détaillée de la lithologie de l'aquifère de la nappe de l'Oued Guéniche...... 158
- **Fig. 72** : Carte lithologie de l'aquifère de la nappe de l'Oued Guéniche (méthode DRASTIC)... 159
- **Fig. 73** : Carte pédologique de la nappe de l'Oued Guéniche................................... 160
- **Fig. 74** : Carte pédologique de la nappe de l'Oued Guéniche (méthode DRASTIC)............. 166
- **Fig. 75** : Carte des pentes de la nappe de l'Oued Guéniche (méthode DRASTIC)................ 167
- **Fig. 76** : Carte lithologique de la zone vadose de la nappe de l'Oued Guéniche................ 168
- **Fig. 77** : Carte lithologique de la zone vadose de la nappe de l'Oued Guéniche (méthode DRASTIC)... 169
- **Fig. 78** : Carte sommaire de conductivité hydraulique de l'aquifère de la nappe de l'Oued Guéniche... 170
- **Fig. 79** : Carte de conductivité hydraulique de l'aquifère de la nappe de l'Oued Guéniche (méthode DRASTIC).. 172
- **Fig. 80** : Carte de vulnérabilité DRASTIC standard de la nappe de l'Oued Guéniche............ 173
- **Fig. 81** : Carte de vulnérabilité DRASTIC pesticides de la nappe de l'Oued Guéniche.......... 174
- **Fig. 82** : Carte de la profondeur du plan d'eau de la nappe de l'Oued Guéniche (méthode SINTACS)... 178
- **Fig. 83** : Carte des coefficients d'infiltration potentielle χ de la nappe de l'Oued Guéniche... 179
- **Fig. 84** : Carte de la recharge efficace de la nappe de l'Oued Guéniche (méthode SINTACS)... 180
- **Fig. 85** : Carte de l'effet de l'auto-épuration de la zone vadose de la nappe de l'Oued Guéniche (méthode SINTACS).. 182
- **Fig. 86** : Carte pédologique de la nappe de l'Oued Guéniche (méthode SINTACS).......... 183
- **Fig. 87** : Carte lithologique de l'aquifère de la nappe de l'Oued Guéniche (méthode SINTACS)... 184
- **Fig. 88** : Carte de la conductivité hydraulique de l'aquifère de la nappe de l'Oued Guéniche (méthode SINTACS).. 185
- **Fig. 89** : Carte des pentes de la nappe de l'Oued Guéniche (méthode SINTACS)............. 186
- **Fig. 90** : Carte de vulnérabilité SINTACS de la nappe de l'Oued Guéniche, scénario "Impact Normal"... 187
- **Fig. 91** : Carte de vulnérabilité SINTACS de la nappe de l'Oued Guéniche, scénario "Impact Sévère"... 188
- **Fig. 92** : Carte de vulnérabilité SINTACS de la nappe de l'Oued Guéniche.................... 190
- **Fig. 93** : Carte de la profondeur du plan d'eau de la nappe de l'Oued Guéniche (méthode SI)... 193
- **Fig. 94** : Carte de la recharge nette de la nappe d'Oued Guéniche (méthode SI).............. 194
- **Fig. 95** : Carte de la lithologie de l'aquifère de la nappe de l'Oued Guéniche (méthode SI). 195
- **Fig. 96** : Carte des pentes de la nappe de l'Oued Guéniche (méthode SI)..................... 196
- **Fig. 97** : Carte d'occupation des sols de la nappe de l'Oued Guéniche (méthode SI)......... 198

- **Fig. 98** : Carte de vulnérabilité spécifique à la pollution par les nitrates de la nappe de l'Oued Guéniche (méthode SI)... **199**
- **Fig. 99** : Répartition des nitrates dans la carte DRASTIC standard de la nappe de l'Oued Guéniche.. **202**
- **Fig. 100** : Répartition des nitrates dans la carte SINTACS de la nappe de l'Oued Guéniche **203**
- **Fig. 101** : Répartition des nitrates dans la carte SI de la nappe de l'Oued Guéniche........... **204**

Liste des Tableaux

- **Tab. 1** : Classes de profondeur du plan d'eau et cotes correspondantes dans la méthode DRASTIC.. 14
- **Tab. 2** : Classes de recharge efficace annuelle et cotes correspondantes dans la méthode DRASTIC.. 14
- **Tab. 3** : Classes de pente du terrain et cotes correspondantes dans la méthode DRASTIC.. 15
- **Tab. 4** : Classes de conductivité hydraulique de l'aquifère et cotes correspondantes dans la méthode DRASTIC.. 15
- **Tab. 5** : Classes Lithologiques de l'aquifère et cotes correspondantes dans la méthode DRASTIC.. 15
- **Tab. 6** : Classes pédologiques et cotes correspondantes dans la méthode DRASTIC......... 16
- **Tab. 7** : Classes Lithologiques de la zone vadose et cotes correspondantes dans la méthode DRASTIC.. 16
- **Tab. 8** : Poids des paramètres dans les versions standard et pesticides de la méthode DRASTIC.. 17
- **Tab. 9** : Critères d'évaluation des degrés de vulnérabilité DRASTIC selon Engel et al. (1996).. 17
- **Tab. 10** : Critères d'évaluation des degrés de vulnérabilité DRASTIC selon Aller et al. (1987).. 17
- **Tab. 11** : Poids attribués aux paramètres SINTACS dans les différents scénarios de la méthode.. 19
- **Tab. 12** : Critères d'évaluation de la vulnérabilité dans la méthode SINTACS.............. 19
- **Tab. 13** : Classes de profondeur du plan d'eau et cotes correspondantes dans la méthode SINTACS.. 20
- **Tab. 14** : Evaluation de l'indice d'infiltration potentielle χ relatif aux roches nues ou à un couvert pédologique peu épais d'épaisseur < 0.5 m.. 22
- **Tab. 15** : Evaluation de l'indice d'infiltration potentielle χ dans le cas d'un couvert pédologique épais (épaisseur > 0.5 m).. 23
- **Tab. 16** : Classes de recharge efficace et cotes correspondantes dans la méthode SINTACS.. 24
- **Tab. 17** : Classes lithologiques de la zone vadose et cotes correspondantes dans la méthode SINTACS.. 25
- **Tab. 18** : Classes pédologiques et cotes correspondantes dans la méthode SINTACS...... 26
- **Tab. 19** : Classes lithologiques de l'aquifère et cotes correspondantes dans la méthode SINTACS.. 27
- **Tab. 20** : Exemples de complexes hydrogéologiques et de conductivités hydrauliques correspondantes.. 29
- **Tab. 21** : Classes de conductivité hydraulique et cotes correspondantes dans la méthode SINTACS.. 30
- **Tab. 22** : Classes de pente et cotes correspondantes dans la méthode SINTACS............ 30
- **Tab. 23** : Classes de profondeur du plan d'eau et cotes correspondantes dans la méthode SI.. 32
- **Tab. 24** : Classes de recharge efficace annuelle et cotes correspondantes dans la méthode SI.. 33
- **Tab. 25** : Classes de pente du terrain et cotes correspondantes dans la méthode SI........... 33
- **Tab. 26** : Classes lithologiques de l'aquifère et cotes correspondantes dans la méthode SI.. 33
- **Tab. 27** : Principales classes d'occupation des sols et valeurs de LU correspondantes....... 34

- **Tab. 28** : Poids attribués aux paramètres SI (variant de 0 à 1, du moins important au plus important)... **34**
- **Tab. 29** : Critères d'évaluation de la vulnérabilité dans la méthode SI.......................... **35**
- **Tab. 30** : Localisation des stations pluviométriques dans la région d'étude.................... **39**
- **Tab. 31** : Valeurs de conductivité hydraulique pour différentes classes lithologiques de l'aquifère.. **70**
- **Tab. 32** : Coïncidence entre les concentrations en nitrates et les classes de vulnérabilité DRASTIC standard... **116**
- **Tab. 33** : Coïncidence entre les concentrations en nitrates et les classes de vulnérabilité SINTACS.. **117**
- **Tab. 34** : Coïncidence entre les concentrations en nitrates et les classes de vulnérabilité SI **117**
- **Tab. 35** : Postes pluviométriques de la nappe de l'Oued Guéniche............................... **126**
- **Tab. 36** : Perméabilité des profils des sols alluviaux n° 252, 242, 244 et 245................. **162**
- **Tab. 37** : Perméabilité des profils des sols à hydromorphie partielle de surface n° 255 et 79... **162**
- **Tab. 38** : Perméabilité des profils des sols à hydromorphie partielle de profondeur n° 267, 243 et 264.. **163**
- **Tab. 39** : Perméabilité des profils des sols bruns calcaires n° 262 et 237....................... **163**
- **Tab. 40** : Perméabilité du profil de sols bruns tempérés n° 231..................................... **163**
- **Tab. 41** : Description et classifications de texture et de drainage des profils pédologiques effectués au niveau de la région de Menzel Jemil.. **164**
- **Tab. 42** : Coïncidence entre les concentrations en nitrates et les classes de vulnérabilité DRASTIC standard... **205**
- **Tab. 43** : Coïncidence entre les concentrations en nitrates et les classes de vulnérabilité SINTACS.. **206**
- **Tab. 44** : Coïncidence entre les concentrations en nitrates et les classes de vulnérabilité SI.. **206**

Introduction Générale

Introduction Générale

Les eaux souterraines représentent une ressource exploitable importante destinée à la consommation humaine et à l'utilisation dans les domaines agricoles et industriels. Cette ressource a été longtemps considérée comme saine grâce au pouvoir filtrant du sol. En réalité, cette ressource court des risques de contamination par les polluants du fait qu'elle est le véhicule de transport de substances minérales et organiques ainsi que de bactéries. Par son mouvement dans le sol et le sous-sol, elle provoque la propagation des polluants ainsi que la pollution de l'espace souterrain. Ainsi, l'élaboration de cartes de vulnérabilité à la pollution des aquifères s'impose ces dernières années vue qu'elles permettent la localisation des zones les plus sensibles à la pollution et qu'elles soient par conséquent utilisées dans la mise en place de périmètres de protection de la qualité des eaux souterraines.

L'exploitation des ressources en eau des deux nappes phréatiques : la nappe de Ras Jebel et la nappe de l'Oued Guéniche, qui sont deux nappes voisines localisées au Nord Est de la Tunisie au niveau du gouvernorat de Bizerte (fig. 1), représente un impératif économique jugé prioritaire étant donné que la région dans laquelle se localisent ces nappes est une région agricole par excellence, et qu'une grande partie de la population de cette région s'active dans le domaine agricole. Les ressources de ces deux nappes sont menacées par l'utilisation de plus en plus croissante dans le domaine agricole d'engrais chimiques (essentiellement de nitrates) et de pesticides, ainsi que par les rejets des zones industrielles situées au niveau de la ville de Ras Jebel et de ses environs, au niveau des environs de la ville de Menzel Jemil et au niveau du village d'El Khétmine.

Dans le cadre de ce travail, nous avons effectué une étude de la vulnérabilité à la pollution des nappes phréatiques de Ras Jebel et de l'Oued Guéniche en utilisant trois méthodes paramétriques appliquées par les systèmes d'information géographique (SIG) : La méthode DRASTIC en ses deux versions standard et pesticides (Aller et al., 1987 et Engel et al., 1996), la méthode SINTACS (Civita, 1994) et la méthode SI (Riveira, 2000). Les deux premières méthodes sont deux méthodes de vulnérabilité verticale intrinsèque, tandis que la méthode SI est une méthode de vulnérabilité verticale spécifique à la pollution agricole par les nitrates. La validité des cartes de vulnérabilité DRASTIC standard, SINTACS et SI a été vérifiée en se basant sur les concentrations de nitrates disponible dans les eaux des deux nappes.

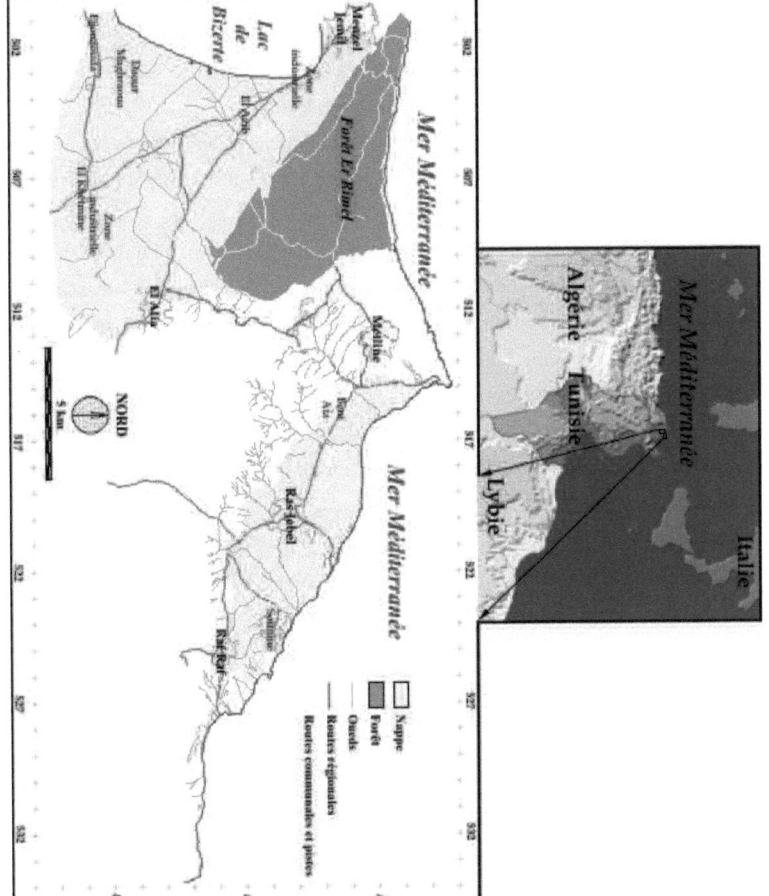

Fig. 1: Carte de localisation des nappes phréatiques de Ras Jebel et de l'Oued Guéniche (Projection: Lambert Nord Tunisie, Unité linéaire: Kilomètres)

Introduction générale

Le présent travail est structuré de la façon suivante :
- Une introduction générale.
- Une première partie consacrée à la présentation de la notion de vulnérabilité à la pollution et des méthodes de vulnérabilité utilisées : les méthodes DRASTIC, SINTACS et SI, ainsi qu'à la présentation de l'outil d'application de ces méthodes : Les systèmes d'information géographique SIG.
- Une deuxième partie destinée à l'étude de la vulnérabilité à la pollution de la nappe phréatique de Ras Jebel. Cette deuxième partie est structurée de la façon suivante :

* Un premier chapitre dans lequel le cadre général de la zone d'étude a été présenté : climatologie, géologie, cadre structural et hydrogéologie.

* Le deuxième chapitre correspond à l'étude des différents paramètres pris en compte dans les deux versions de la méthode DRASTIC (la profondeur du plan d'eau, la recharge efficace de l'aquifère, la lithologie du milieu aquifère, le type de sol, la pente du terrain, la lithologie de la zone vadose, et la conductivité hydraulique de l'aquifère), ainsi que l'élaboration des cartes paramétriques, la description et l'analyse des cartes de vulnérabilité obtenues.

* Dans le troisième chapitre, une étude des différents paramètres pris en compte dans la méthode SINTACS ainsi que l'élaboration et l'analyse des cartes paramétriques et de vulnérabilité, ont été effectuées.

* Le quatrième chapitre a été consacré à l'étude des différents paramètres pris en compte dans la méthode SI (la profondeur du plan d'eau, la recharge efficace de l'aquifère, la lithologie de l'aquifère, la pente du terrain et l'occupation des sols), ainsi qu'à l'élaboration des cartes paramétriques et l'analyse de la carte de vulnérabilité obtenue.

* Dans un cinquième et dernier chapitre, une vérification de la validé des cartes de vulnérabilité DRASTIC standard, SINTACS et SI a été effectuée en se basant sur une comparaison de la répartition des nitrates dans les eaux de la nappe de Ras Jebel avec la répartition des classes de vulnérabilité.

* Enfin, une conclusion relative à cette deuxième partie a été présentée.
- La troisième partie de cette étude est consacrée à l'étude de la vulnérabilité à la pollution de la nappe phréatique de l'Oued Guéniche. Cette troisième partie a été structurée de la même façon que pour la nappe de Ras Jebel en cinq chapitres.
- Une conclusion générale de l'étude effectuée a été présentée au terme de ce travail.

Première Partie

Notion de vulnérabilité à la pollution des aquifères et méthodes d'évaluation

Notion de vulnérabilité et méthodes d'évaluation
I- Notion de vulnérabilité à la pollution potentielle des nappes aquifères

La notion de vulnérabilité hydrogéologique à la pollution potentielle des nappes aquifères est née aux années 60 et 70 suite aux travaux de nombreux chercheurs tels que Le Grand (1966), Born et Stephensons (1969), Hughes et al. (1971), Pavoni et al. (1972), et Palmquist et Sendlein (1975).

Le terme de vulnérabilité a été utilisé pour la première fois dans un contexte hydrogéologique par Albinet et Margat en 1970 pour indiquer la sensibilité relative d'un aquifère à la pollution, et comme étant l'inverse du terme "capacité d'assimilation des polluants".

Castany (1982), a défini la vulnérabilité des nappes aquifères à la pollution comme étant leur sensibilité aux différents facteurs physiques stables. La vulnérabilité est liée à la propagation des polluants dans l'espace souterrain à partir de la surface du sol. Cette propagation dépend en premier lieu de l'auto-épuration naturelle du sol et en second lieu de la circulation de l'eau.

Foster a proposé en 1987 une définition de la vulnérabilité à la pollution des aquifères comme étant la sur la mesure du degré de l'inaccessibilité de la zone saturée (dans le sens hydraulique) à la pénétration verticale du polluant à partir de la surface du sol d'une part, et l'évaluation de la capacité d'atténuation de la pollution par les strates surmontant la zone saturée qui est le résultat de la rétention physico-chimique et/ou des réactions entre polluant et sous-sol, d'autre part.

Civita (1987) a défini la vulnérabilité intrinsèque d'un système aquifère comme étant la susceptibilité spécifique de ce système de modifier la qualité et la quantité de l'eau souterraine, dans l'espace et dans le temps, suite à des processus naturels et/ou de l'activité humaine.

II- Méthodes d'évaluation de la vulnérabilité

Il existe actuellement 24 méthodes pour l'évaluation de la vulnérabilité des eaux souterraines. Ces méthodes peuvent être classées en trois groupes : les méthodes comparatives, les méthodes des relations analogiques et des modèles numériques, et les méthodes des systèmes paramétriques.

II-1- Les méthodes comparatives

Ces méthodes sont utilisées essentiellement pour des aires d'étude très étendues, elles prennent en considération 2 à 3 paramètres.

II-2- Les méthodes des relations analogiques et des modèles numériques

Ces méthodes sont basées sur des lois mathématiques simples ou complexes. Elles sont conseillées pour l'évaluation de la vulnérabilité des sites radioactifs.

II-3- Méthodes des systèmes paramétriques

Ces méthodes se composent de trois sous-classes qui sont le groupe matriciel, le groupe de classes et le groupe de classes pondérées.

II-3-1- Le groupe matriciel

Ce groupe, qui est adapté à une utilisation locale, comporte un nombre limité de paramètres qui sont judicieusement choisis. On procède à une combinaison de classes pour définir de façon descriptive le degré de vulnérabilité des aquifères.

II-3-2- Le groupe de classes

Dans ce groupe, on définit un intervalle pour chaque paramètre jugé nécessaire pour évaluer la vulnérabilité, ensuite on subdivise chaque intervalle en fonction de la variabilité du paramètre en question. Le score final résultant de la sommation (ou multiplication) de chaque note attribuée pour les différents paramètres, devrait être subdivisé par le nombre de classes retenues.

II-3-3- Le groupe de classes pondérées

Ce groupe de méthodes est basé sur l'affectation de notes aux paramètres qui sont retenus et jugés nécessaires à l'évaluation de la vulnérabilité des eaux souterraines en définissant des intervalles comme pour les méthodes précédentes. Une pondération est attribuée pour chaque paramètre selon son importance dans l'évaluation de la vulnérabilité.

III- Les systèmes d'information géographique SIG

L'outil le plus adéquat à l'application des méthodes d'évaluation de la vulnérabilité, est représenté par les systèmes d'information géographique, SIG.

Le concept de systèmes d'information géographique, est apparu pour répondre aux besoins d'informations sur le territoire afin de permettre une meilleure connaissance du territoire et pour avoir des prises de décision plus éclairées (Boussema, 1994).

III-1- Historique

Les systèmes d'information géographique ont commencé à apparaître dans les années 60 du siècle dernier afin d'apporter une informatisation des traitements sur l'information cartographique. Le premier SIG, "The Canadian geographic information system", a été mis en place par "The Canadian land inventory" pour automatiser les traitements de l'information collectée sous forme de cartes. Les initiatives qui ont succédé à cette tentative, telles que "GRID" (Université de Harvad), "GEOMAP" (Université de

Waterloo) et "MANS" (Université de Maryland) ont rencontré plusieurs problèmes comme la capacité médiocre des ordinateurs de cette période (petite capacité de stockage et exécution lente) (Faiz,1999).

Dans les années 70 du siècle dernier, les recherches dans le domaine du SIG ont commencé à se mettre en place partout dans le monde. L'intégration des deux modèles de données Raster et Vecteur ainsi que la majorité des opérations d'analyse ont commencé à apparaître avec de nouvelles capacités dans les SIG commerciaux vers le début des années 80.

III-2- Définitions

Plusieurs définitions des systèmes d'information géographique ont été proposées :

- Burrough (1986), les définit comme étant "un ensemble puissant d'outils pour rassembler, stocker, extraire à volonté et visualiser des données spatiales du monde réel pour un ensemble particulier".
- Parker propose en 1988 une autre définition : "une technologie de l'information qui stocke, analyse et visualise à la fois des données spatiales et non spatiales".
- Le comité fédéral américain de coordination inter-agences pour la cartographie numérique (FICCDC, 1988) les défini comme "un système informatique de matériels, de logiciels, et de processus conçus pour permettre la collecte, la gestion, la manipulation, l'analyse, la modélisation et l'affichage de données à référence spatiale afin de résoudre des problèmes complexes d'aménagement et de gestion".
- Arnoff les définit en 1989, comme étant "un système informatique conçu pour la collecte, le stockage et l'analyse d'objets et de phénomènes où la localisation géographique est une caractéristique importante ou critique pour l'analyse".
- Enfin, la définition française est due à l'économiste Michel Didier en 1990 dans une étude réalisée à la demande du CNIG (in Denègre, 1996), qui les défini comme étant "un ensemble de données repérées dans l'espace, structurées de façon à pouvoir en extraire commodément des synthèses utiles à la décision".

III-3- Les composantes d'un SIG

Un SIG est composé généralement de trois composantes, autres que l'utilisateur et le matériel : la composante acquisition de données, la composante restitution de données et la composante gestion de la base de données.

III-3-1- La composante acquisition de données

Au niveau d'un SIG, l'acquisition des données se fait par différentes voies dont les principales sont :

- La création de données cartographiques qui s'effectue lorsque ces données n'existent sous aucune forme utilisable directement. La création de ces données se fait soit par des levés de terrain (qui doivent être effectués avec une grande précision dans l'introduction des coordonnées des points de lever), soit par l'utilisation des images satellitaires.
- L'acquisition de données cartographiques à partir de documents papier par la digitalisation avec une table à digitaliser ou par scannerisation de ces documents.
- L'introduction de données numériques existants qui doivent être dans un format reconnu par le SIG.

III-3-2- La composante gestion de la base de données

Cette composante permet en particulier de :
- Stocker, rechercher et mettre à jour les données de façon efficace.
- Assurer l'indépendance, la sécurité et l'intégrité des données.
- Eviter la redondance dans les données.

III-3-3- La composante restitution de données

C'est l'opération de présentation des résultats de l'extraction ou de l'analyse de données sous une forme compréhensible par l'utilisateur ou par le SIG. Cette composante permet de sélectionner des éléments de la base de données et les représenter à l'écran ou à l'imprimante sous les différentes formes, cartes, graphes, tableaux, etc.

III-4- Les avantages des SIG

Les SIG modernes permettent de réaliser une large bande d'opérations de traitements et d'analyses géographiques de plus en plus complexes (Faiz, 1999).

Leurs avantages ne s'arrêteent pas à ce niveau, ils permettent en plus :
- Le stockage, la gestion et l'accès rapide de grands volumes de données géographiques souvent complexes,
- L'établissement de cartes et de plans nouveaux que l'on ne pouvait pas réaliser à la main,
- Les manipulations et les analyses variées de données géographiques,
- La réunion dans un même système, de données issues de sources différentes et de les combiner entre elles,
- La rapidité et l'efficacité de planification, de gestion et de prise de décision.

IV- Méthodes de vulnérabilité utilisées

Les méthodes utilisées dans le présent travail pour évaluer la vulnérabilité font partie des systèmes paramétriques à classes pondérées faisant partie du groupe des classes pondérées. Ces méthodes sont les suivantes : DRASTIC, SINTACS et SI. Les deux logiciels des SIG, Arc/Info et Idrisi, ont été utilisés pour l'application de ces méthodes.

IV-1- La méthode DRASTIC
IV-1-1- Présentation de la méthode DRASTIC

La méthode DRASTIC est une méthode paramétrique développée par Aller et al. (1987) sous l'égide de l'agence américaine de protection de l'environnement (U.S. Environmental Protection Agency : USEPA) et de l'association hydrogéologique Américaine NWWA (National Water Well Association). Cette méthode est inspirée des travaux de Le Grand (1966). Elle est adoptée pour évaluer la pollution potentielle des aquifères à échelle régionale dans les zones semi-arides aux USA.

L'acronyme DRASTIC correspond aux initiales des sept facteurs déterminant la valeur de l'indice de vulnérabilité. **D**epth to water (D) ou profondeur du plan d'eau ; Net **R**echarge (R) ou recharge efficace; **A**quifer media (A) ou aquifère; **S**oil media (S) ou type de sol; **T**opography (T) ou pente du terrain; **I**mpact of the vadose zone (I) ou impact de la zone vadose (zone non saturée); Hydraulic **C**onductivity of the aquifer (C) ou conductivité hydraulique de l'aquifère.

La méthode DRASTIC repose sur les hypothèses suivantes:
- les sources de contamination potentielles se trouvent à la surface du sol;
- les contaminants potentiels atteignent l'aquifère par le mécanisme d'infiltration efficace;
- le contaminant à la même mobilité de l'eau;
- l'unité hydrogéologique en question est de superficie supérieure à 0,4 km^2.

Les sept paramètres DRASTIC découpent, de façon schématique, une unité hydrogéologique locale en ses principales composantes, lesquelles influencent à différents degrés les processus de transport et d'atténuation des contaminants dans le sol, et leur temps de transit. Une valeur numérique (poids paramétrique) comprise entre 1 et 5, reflète le degré d'influence de chaque paramètre. A chacun d'eux est associée une cote variant de 1 à 10. La plus petite cote représente les conditions de plus faible vulnérabilité à la contamination (tab. 1, 2, 3, 4, 5, 6, et 7).

Une valeur numérique appelée indice de vulnérabilité DRASTIC et notée ID est déterminée, elle décrit le degré de vulnérabilité de chaque unité hydrogéologique. L'indice de vulnérabilité est calculé en faisant la somme des produits des cotes par les poids des paramètres correspondants :

$$ID = D_p*D_c + R_p*R_c + A_p*A_c + S_p*S_c + T_p*T_c + I_p*I_c + C_p*C_c$$

où D, R, A, S, T, I, et C sont les sept paramètres de la méthode DRASTIC, "p" étant le poids du paramètre et "c", la cote associée.

Les paramètres DRASTIC sont de deux types : les paramètres quantitatifs et les paramètres qualitatifs. Les paramètres quantitatifs sont représentés par la profondeur du plan d'eau, la recharge efficace de l'aquifère, la pente du terrain et la conductivité hydraulique de l'aquifère, les classes se présentent sous forme d'intervalles de valeurs numériques, et de ce fait ne posent pas de problèmes dans la classification et dans l'attribution des cotes correspondantes à chaque classe. En effet, les cotes sont directement attribuées aux différentes classes déterminées dans chaque paramètre selon la classification proposée pour ces paramètres dans la méthode DRASTIC. Concernant les paramètres qualitatifs qui sont la lithologie des matériaux de l'aquifère, le type de sol, et la lithologie des matériaux de la zone vadose, ils peuvent ne pas correspondre exactement aux classes proposées par les tableaux du guide pratique de la méthode DRASTIC, et dans ce cas, il faut suivre un raisonnement logique pour pouvoir attribuer à chaque classe la cote adéquate.

III-1-2- Les paramètres de la méthode DRASTIC

III-1-2-1- La profondeur du plan d'eau (D = Depth to water)

La profondeur du plan d'eau correspond à l'épaisseur du terrain que doit traverser le polluant avant d'atteindre la nappe aquifère. De ce fait, ce paramètre influence le degré d'interaction entre le polluant et les matériaux de sub-surface (air, minéraux, eau) et par conséquent le degré, l'extension et l'intensité des processus de dégradation et d'atténuation physique et chimique sont également influencés. En général, la protection potentielle de l'aquifère augmente avec la profondeur du plan d'eau.

IV-1-2-2- La recharge efficace (R = net Recharge)

Elle définit la quantité d'eau par unité de surface d'un terrain qui s'infiltre et rejoint l'aquifère. L'eau de recharge est un facteur essentiel de transport des polluants de la zone non saturée vers la zone saturée. Plus la quantité d'eau est importante, plus la possibilité de contamination est élevée. Cependant, il faut noter que la relation entre la quantité d'eau de recharge et la pollution potentielle n'est pas univoque, puisque l'infiltration de l'eau peut également diluer le polluant et réduire sa concentration avec un effet final positif sur la pollution potentielle.

IV-1-2-3- Le milieu aquifère (A = Aquifer media)

L'aquifère est la portion du terrain capable de stocker l'eau dans ces pores (roches non consolidées) ou dans ces fractures (roches consolidées). La filtration mécanique, la dispersion, la dilution et l'adsorption au niveau de l'aquifère, constituent des facteurs de contrôle du flux d'eau et de l'atténuation de la pollution. Dans l'évaluation de la capacité d'atténuation de la pollution de l'aquifère, les propriétés les plus signifiantes sont le pourcentage de grains fins pour les roches non consolidées et le degré de fracturation pour les roches consolidées. La taille des grains et le type de matériaux constituant l'aquifère jouent un rôle important dans l'atténuation de la contamination par les polluants. En général, une granulométrie fine possède une grande capacité d'atténuation vis à vis de la contamination potentielle.

IV-1-2-4- Le type de sol (S = Soil media)

Ce paramètre intègre les caractéristiques de la couche située au dessus de la zone non saturée et soumise à une activité biologique considérable et aux échanges avec l'atmosphère. Les caractéristiques du sol peuvent avoir un effet considérable sur les mouvements superficiels et en profondeur des polluants. Ainsi la présence de matériaux à grains fins riches en matière organique tels que les argiles, les tourbes ou les silts, au niveau du sol, peut diminuer sa perméabilité intrinsèque et retarder ou annuler la migration des polluants par l'intermédiaire de certains processus physico-chimiques telles que l'adsorption, échange ionique, oxydation, biodégradation...

L'impact des caractéristiques des sols sur le mouvement des polluants vers l'aquifère dépend de plusieurs facteurs tels que:
- La perméabilité du sol.
- Le type d'argile constituant le sol. En fait, si l'argile est une argile rétrécissante ou gonflante, elle oblige le polluant à migrer rapidement et à être véhiculé par l'eau d'infiltration à travers les discontinuités temporaires.
- Les processus de filtration, de biodégradation, de minéralisation, de sorption et de volatilisation. Ces processus sont liés à la présence de matière organique, d'acides humiques et de minéraux argileux dans le sol. Ils dépendent également des échanges gazeux, et de l'existence de bactéries et d'autres microorganismes dans le sol.

IV-1-2-5- La pente du terrain (T = Topography)

Ce paramètre représente l'inclinaison de la surface du terrain situé au-dessus de l'aquifère. La pente contrôle la probabilité pour qu'un polluant puisse être chassé du terrain considéré par les eaux de ruissellement, ou au contraire être introduit à l'intérieur de ce même terrain. Elle influence également l'épaisseur et le développement des sols ainsi que la possibilité de leur érosion par les eaux de ruissellement.

IV-1-2-6- Impact de la zone vadose (I = Impact of the vadose zone)

La zone vadose correspond aux couches de terrain comprises entre l'aquifère et le sol et dans lesquelles les pores ou les joints sont insaturés ou partiellement saturés, ils sont remplis d'eau, d'air et d'autres fluides qui peuvent être des polluants.

L'influence de la zone vadose dans la pollution potentielle de l'aquifère dépend essentiellement de sa perméabilité et de sa capacité d'atténuation.

La majeure partie des processus d'atténuation physique ou chimique se déroule dans cette zone tels que la biodégradation et les réactions d'oxydoréduction et de volatilisation. Les mécanismes de filtration et de dispersion sont influencés par les caractéristiques physiques de la zone vadose.

IV-1-2-7- La conductivité hydraulique de l'aquifère (C = hydraulic Conductivity of the aquifer)

La conductivité hydraulique correspond à la capacité de l'aquifère à transmettre l'eau, elle contrôle la vitesse du flux avec lequel l'aquifère transmet l'eau sous un gradient hydraulique donné, et dépend du degré d'interconnexion entre les espaces vides des roches.

Dans les études environnementales, nous avons souvent affaire à des solutions diluées, de ce fait on peut supposer que la conductivité hydraulique contrôle la vitesse avec la quelle les polluants circulent dès leur entrée dans l'aquifère. Par conséquent, la conductivité hydraulique contrôle la vitesse de migration des polluants ainsi que leur dispersion dès leur injection dans la zone saturée.

IV-1-3- Versions de la méthode DRASTIC

Il existe deux versions de la méthode DRASTIC : la version standard et la version pesticides.

La version DRASTIC pesticides est appliquée dans le cas où les contaminants considérés sont des pesticides. La pondération adoptée dans ce cas diffère de celle dans la version DRASTIC standard appliquée aux polluants inorganiques (tab. 8). Ainsi, le poids attribué au paramètre type de sol, est plus élevé dans le cas de la version pesticides (5 dans la version pesticides contre 2 dans la version standard). Ceci est dû à la nature du sol qui joue un rôle important dans l'adsorption et la neutralisation des pesticides qui sont des contaminants de nature organique. On attribue également un poids élevé égal à 3 dans la version pesticides, contre 1 dans la version standard. Ceci s'explique par le fait que si un terrain est plat, la probabilité est grande pour que les pesticides subissent un lessivage, tandis que l'effet de la topographie n'est pas très significatif sur le destin des polluants inorganiques. Les autres facteurs ont été également ajustés en se basant sur les caractéristiques et les spécificités chimiques des pesticides (Aller et al., 1987). Ainsi, les poids attribués aux paramètres matériaux de la zone vadose et conductivité hydraulique sont légèrement plus faibles (4 au lieu de 5, et 2 au lieu de 3 dans le cas version standard).

Les valeurs de l'indice DRASTIC, noté ID, varient de 23 à 226 dans le cas de la version standard, et de 26 à 256 dans le cas de la version pesticides.

Les valeurs obtenues sont regroupées en quatre classes dont chacune correspond à un degré de vulnérabilité. Les intervalles des indices de vulnérabilité utilisés dans la présente étude pour déterminer le degré de vulnérabilité sont ceux proposés par Engel et al. en 1996 (tab. 9). Ces intervalles, qui sont différents de ceux proposés par Aller et al. en 1987 dans la version DRASTIC originaire (tab.10), ont été modifiés suite à une étude faite aux USA dans différents aquifères de la zone semi aride.

Tab. 1 : Classes de profondeur du plan d'eau et cotes correspondantes dans la méthode DRASTIC (Aller et al., 1987)

Profondeur du plan d'eau (m)	Cote
0 - 1,5	10
1,5 - 4,5	9
4,5 - 9	7
9 - 15	5
15 - 23	3
23 - 31	2
> 31	1

Tab. 2 : Classes de recharge efficace annuelle et cotes correspondantes dans la méthode DRASTIC (Aller et al., 1987)

Recharge efficace annuelle (mm)	Cote
0 - 50	1
50 - 100	3
100 - 180	6
180 - 250	8
> 250	9

Tab. 3 : Classes de pente du terrain et cotes correspondantes dans la méthode DRASTIC (Aller et al., 1987)

Pente du terrain (%)	Cote
0 - 2	100
2 - 6	90
6 - 12	50
12 - 18	30
> 18	10

Tab. 4 : Classes de conductivité hydraulique de l'aquifère et cotes correspondantes dans la méthode DRASTIC (Aller et al., 1987)

Conductivité hydraulique (m/j)	Cote
0,04 - 4	1
4 - 12	2
12 - 29	4
29 - 41	6
41 - 82	8
> 82	10

Tab. 5 : Classes Lithologiques de l'aquifère et cotes correspondantes dans la méthode DRASTIC (Aller et al., 1987)

Lithologie de l'aquifère	Cote	Cote-type
Shale massif	1 - 3	2
Roches ignées/métamorphiques	2 - 5	3
Roches ignées/métamorphiques altérées	3 - 5	4
Till	4 - 6	5
Lits de grès, calcaire et shale	5 - 9	6
Grès massif	4 - 9	6
Calcaire massif	4 - 9	6
Sable et gravier	4 - 9	8
Basalte	2 - 10	9
Calcaire karstique	9 - 10	10

Tab. 6 : Classes pédologiques et cotes correspondantes dans la méthode DRASTIC (Aller et al., 1987)

Type de sols	Cote
Argile	1
Terre noire	2
Loam argileux	3
Loam silteux	4
Loam	5
Loam sableux	6
Argile fissurée	7
Tourbe	8
Sable	9
Gravier	10
Sol mince ou roc	10

Tab. 7 : Classes Lithologiques de la zone vadose et cotes correspondantes dans la méthode DRASTIC (Aller et al., 1987)

Lithologie de la zone vadose	Cote	Cote-type
Couche imperméable	1	1
Silt/argile	2 - 6	3
Shale	2 - 5	3
Calcaire	2 - 7	6
Grès	4 - 8	6
Lits de calcaire, grès et shale	4 - 8	6
Sable et gravier avec silt et argile	4 - 8	6
Roches ignées/métamorphiques	2 - 8	4
Sable et gravier	6 - 9	8
Basalte	2 - 10	9
Calcaire karstique	8 - 10	10

Tab. 8 : Poids des paramètres dans les versions standard et pesticides de la méthode DRASTIC (Aller et al., 1987)

Paramètre	Version DRASTIC standard	Version DRASTIC pesticides
D : profondeur du plan d'eau	5	5
R : recharge efficace	4	4
A : matériaux de l'aquifère	3	3
S : type de sol	2	5
T : pente du terrain	1	3
I : matériaux de la zone non saturée	5	4
C : conductivité hydraulique de l'aquifère	3	2

Tab. 9 : Critères d'évaluation des degrés de vulnérabilité DRASTIC (Engel et al., 1996)

Degré de vulnérabilité	Indice de vulnérabilité
Faible	1-100
Moyen	101-140
Elevé	141-200
Très élevé	> 200

Tab. 10 : Critères d'évaluation des degrés de vulnérabilité DRASTIC (Aller et al., 1987)

Degré de vulnérabilité	Indice de vulnérabilité
Faible	1-120
Moyen	121-160
Elevé	161-200
Très élevé	> 200

IV-2- La méthode SINTACS

IV-2-1- Présentation de la méthode SINTACS

La méthode SINTACS a été développée par Civita (1994). Il s'agit d'une méthode paramétrique inspirée de la méthode DRASTIC et adaptée aux conditions hydrogéologiques, hydrologiques, pédologiques, et climatiques du territoire Italien.

Première Partie (Notion de vulnérabilité et méthodes d'évaluation)

La méthode SINTACS prend en considération les mêmes paramètres de la méthode DRASTIC, soit : la profondeur du plan d'eau (**S** = Soggiacenzia), la recharge efficace de l'aquifère (**I** = infiltrazione), l'effet de l'autoépuration de la zone vadose (**N** = effeto di autoepurazione del non-saturo), le type de sol (**T** = typologia della copertura), les caractéristiques hydrogéologiques de l'aquifère (**A** = caratteristiche idrogeologische dell'acquifero), la conductivité hydraulique de l'aquifère (**C** = conductibilità dell'acquifero) et la pente topographique (**S** = l'acclivita della superficie topografica).

Un poids compris entre 1 et 5 est attribué à chacun des paramètres. Chaque paramètre est classé en plusieurs classes et chaque classe est associée à une cote variant de 1 à 10.

La détermination des différents poids, classes et cotes paramétriques utilisées dans cette méthode, a nécessité la création de plus de 500 sites testeurs bien répartis sur l'ensemble du territoire italien.

L'indice de vulnérabilité SINTACS est calculé en faisant la somme des produits des cotes par les poids des paramètres correspondants :

$$IS = Sp*Sc + Ip*Ic + Np*Nc + Tp*Tc + Ap*Ac + Cp*Cc + Sp*Sc$$

(où S, I, N, T, A, C, et S constituent les sept paramètres de la méthode SINTACS, et **p** et **c** sont respectivement le poids du paramètre et la cote associée).

La spécificité de la méthode SINTACS c'est qu'elle prend en considération cinq scénarios différents de vulnérabilité à la pollution:
- le scénario "Impact Normal" qui est relatif aux aquifères constitués par des sédiments non consolidés, avec une profondeur du plan d'eau qui n'est pas très élevée et qui sont localisés dans des aires à sols épais. Les zones relatives à ce scénario correspondent aux régions où les transformations sont rares avec existence ou non de terres cultivées, une utilisation faible de pesticides, de fertilisants et d'irrigation, et des périmètres urbains très dispersés;
- le scénario "Impact Sévère" qui est relatif aux aquifères constitués également par des sédiments non consolidés avec une profondeur du plan d'eau qui n'est pas très élevée, localisés dans des aires à sols épais. Les zones relatives à ce scénario correspondent - contrairement au scénario précédent-, aux régions où l'occupation des sols est intensive, avec des terres cultivées à forte utilisation de pesticides, de fertilisants et d'irrigation, des implantations industrielles et urbaines denses, et des dépôts liquides et solides de déchets;
- le scénario "Drainage important à partir d'un réseau superficiel" qui s'applique aux aires à forte infiltration vers l'aquifère à partir d'un réseau superficiel d'eau, telles que les zones inondées et les zones marécageuses. Dans ce scénario, la profondeur du plan d'eau est

pratiquement nulle et les capacités d'atténuation relatives au sol et à la zone vadose sont faibles, et par conséquent de fortes concentrations de contaminants peuvent librement atteindre l'aquifère. Les caractéristiques de l'aquifère telles que la capacité d'ingestion et de transmissivité ont dans ce cas une très grande importance;

- le scénario "Terrain très karstifié" qui est adapté aux aires à forte karstification. Dans de tel scénario, le temps de parcours sera limité et la recharge nette sera égale à la précipitation efficace. D'autre part, le sol et la zone vadose jouent des rôles minimes;

- le scénario "Terrain fissuré" est relatif aux paysages formés par des roches endurcies et dont la perméabilité élevée est en relation avec une forte fracturation. Dans de tel scénario, la conductivité hydraulique et la lithologie de l'aquifère jouent un rôle très important. Le sol, s'il existe, ainsi que la pente topographique règlent le ruissellement et par conséquent la capacité d'ingestion du système.

Les poids attribués aux différents paramètres dans les scénarios SINTACS sont présentés dans le tableau suivant (tab.11). Quatre classes de vulnérabilité peuvent êtres extraites selon les valeurs des indices de vulnérabilité (tab.12).

Tab. 11 : Poids attribués aux paramètres SINTACS dans les différents scénarios de la méthode (Civita, 1994)

Scénario Paramètre	Impact Normal	Impact Sévère	Drainage Important	Karst	Terrains Fissurés
S	5	5	4	2	3
I	4	5	4	5	3
N	5	4	4	1	3
T	4	5	2	3	4
A	3	3	5	5	4
C	3	2	5	5	5
S	2	2	2	5	4

Tab. 12 : Critères d'évaluation de la vulnérabilité dans la méthode SINTACS (Civita, 1994)

Degré de vulnérabilité	Indice de vulnérabilité
Faible	< 106
Moyen	106 - 186
Elevé	187 - 210
Très élevé	> 210

IV-2-2 Les paramètres du modèle SINTACS

IV-2-2-1- La profondeur du plan d'eau (S = Soggiacenzia en italien)

C'est la profondeur de la surface piézométrique (pour les aquifères confinés et non confinés) par rapport à la surface du terrain. Ce paramètre a une grande influence sur la vulnérabilité. La valeur de ce paramètre plus les caractéristiques de la zone vadose, permettent de déterminer le temps de parcours des contaminants fluides et dissous ainsi que la durée du processus d'atténuation, en particulier par oxydation des éléments avec l'oxygène atmosphérique. Les cotes attribuées à ce paramètre diminuent avec l'augmentation de la profondeur du plan d'eau.

En se basant sur les cas étudiés, ainsi que sur les modèles conçus pour les terrains agricoles (Del Re et Trevisan, 1993; Leonard et al., 1987), et en accord avec les travaux de Le Grand (1983), Foster (1987) et avec le système de classification du risque de l'USEPA: "Hazard Ranking System" (HRS -OFRNARA, 1994), le tableau 13 a pu être tracé.

Tab. 13 : Classes de profondeur du plan d'eau et cotes correspondantes dans la méthode SINTACS (Civita, 1994)

S : profondeur du plan d'eau (m)	Cote
0 - 1,3	10
1,3 - 2,6	9
2,6 - 3,9	8
3,9 - 5,6	7
5,6 - 8,2	6
8,2 - 10,8	5
10,8 - 16,5	4
16,5 - 24,3	3
24,3 - 41,7	2
41,7 - 100	1

II-2-2-2- La recharge efficace de l'aquifère (I = infiltrazione en italien)

La recharge ou l'infiltration efficace a une importance capitale dans la vulnérabilité des aquifères à la pollution. En effet, elle permet d'une part le transport des polluants en profondeur, et d'autre part la dilution de ces polluants, en premier lieu dans la zone vadose et ensuite dans la zone saturée.

L'établissement du bilan hydrogéologique global fait intervenir les afflux et les écoulements naturels ainsi que la recharge artificielle de l'aquifère.

L'estimation la recharge dans la méthode SINTACS est basée sur une simplification de la technique de la balance hydrique inverse (Civita, 1973; 1975; Civita et al., 1983; Civita et al., 1984; Civita et al., 1994). En effet, la recharge efficace est estimée à travers l'indice d'infiltration potentielle (χ) qui prend en compte à la fois les précipitations efficaces et les conditions hydrogéologiques de surface, et qui est fonction de la texture et de l'épaisseur du sol (England, 1973).

L'évaluation de l'indice d'infiltration potentielle (χ) est basée sur les paramètres suivants :
- la lithologie de surface si la couverture pédologique est très peu épaisse ou inexistante, ou sur les caractéristiques hydrauliques du sol, si le sol a une épaisseur $\geq$ 0.5 m;
- la pente de surface;
- la perméabilité de la zone vadose (si elle est poreuse, fracturée, ou karstique);
- autres données qui dépendent de la profondeur du plan d'eau, de l'occupation du sol, de la forme et de la densité du réseau de drainage superficiel, etc.

La méthode SINTACS propose deux méthodes différentes pour l'évaluation de la recharge efficace :
- dans le cas où le sol est inexistant (roches nues) ou le sol est très peu épais (épaisseur < 0.5 m), l'infiltration efficace (I) est calculée avec l'équation suivante :

$$I = Q \cdot \chi \text{ (mm/an)}$$

avec

$$Q = P - ETr \text{ (mm/an)}$$

où

Q : les précipitations efficaces moyennes annuelles;

P : les précipitations moyennes annuelles;

ETr : l'évapotranspiration réelle

L'évapotranspiration réelle est calculée avec la formule de Turc (Turc, 1954) :

$$ETr = P / [\, 0,9 + (P^2 / L^2)\,]^{1/2}$$

où $L = 3000 + 25 \cdot T + 0,05 \cdot T^3$, et T la température moyenne annuelle.

Les valeurs de χ utilisées dans ce cas sont représentées dans le tableau 14.
- dans le cas où le sol est épais (épaisseur > 0.5 m), l'infiltration efficace (I) est calculée avec la formule suivante :

$$I = P \cdot \chi \text{ (mm/an)},$$

où P : les précipitations moyennes annuelles, et χ : l'indice d'infiltration potentielle

Tab. 14 : Evaluation de l'indice d'infiltration potentielle χ se rapportant aux roches nues ou d'un couvert pédologique peu épais d'épaisseur < 0.5 m
(England, 1973)

Complexe hydrogéologique	Intervalle de valeurs de χ
Dépôt alluvial grossier	0,65 à 1
Calcaire karstifié	0,75 à 1
Calcaire fissuré	0,5 à 0,85
Dolomie fissurée	0,475 à 0,65
Alluvions fines à moyens	0,15 à 0,475
Complexe sableux	0,75 à 0,875
Grès, Conglomérat	0,3 à 0,5
Roches plutoniques fissurées	0,05 à 0,35
Séquence turbiditique	0,2 à 0,45
Roches volcaniques fissurées	0,75 à 1
Marnes, roches argileuses	0,25 à 0,75
Moraine grossière	0,475 à 0,7
Moraine fine à moyenne	0,125 à 0,225
Argile, Silt, Tourbe	0 à 0,25
Roches piroclastiques	0,2 à 0,65
Roches métamorphiques fissurées	0,025 à 0,275

Les valeurs de χ sont représentées dans le tableau 15.

Les valeurs de recharge efficace sont divisées en 14 classes avec des cotes variant de 1 à 9 (tab.16).

II-2-2-3- Effet de l'auto-épuration de la zone vadose (N = effeto di autoepurazione del non-saturo en italien)

La zone vadose est la deuxième ligne de défense du système hydrogéologique contre les polluants fluides et les polluants transmis par l'eau. A l'intérieur de la zone vadose, un processus à quatre dimensions (le temps en plus des 3 dimensions relatives au volume) joue un rôle important dans l'atténuation de l'effet des contaminants. La capacité d'atténuation de la zone vadose est évaluée à partir des éléments hydrolithologiques (texture, composition minérale, taille des grains, fracturations, existence de karst, etc.). Lorsque la zone vadose est formée d'une succession de strates de natures lithologiques différentes, la cote attribuée doit être déterminée en utilisant la formule suivante :

$$C_N = \frac{\sum_{j=1}^{n} e_j c_j}{\sum_{j=1}^{n} e_j}$$

où, **c** et **e** représentant respectivement la cote et l'épaisseur de chaque strate de la zone vadose.

Les cotes attribuées aux différentes lithologies de la zone vadose est présenté dans le tableau 17.

Tab. 15 : Evaluation de l'indice d'infiltration potentielle χ dans le cas d'un couvert pédologique épais (épaisseur > 0.5 m)
(England, 1973)

Texture du sol	Intervalle de valeurs de χ
Gravier	0,4 à 0,55
Sable	0,3 à 0,55
Sol sableux	0,3 à 0,5
Tourbe	0,2 à 0,4
Argile sableuse	0,15 à 0,4
Argile limono-sableuse	0,1 à 0,35
Limon	0,05 à 0,2
Silt limoneux	0,03125 à 0,15
Silt limono-argileux	0,03125 à 0,1
Limon argileux	0 à 0,03125
Argile silteuse	0 à 0,03125
Fumier	0 à 0,02
Argile	0 à 0,02

II-2-2-4- Le type de sol (T = typologia della copertura en italien)

Le sol joue un rôle important dans le processus de parcours du contaminant à l'intérieur du système hydrogéologique. Le sol est identifié comme étant un accumulateur ouvert qui permet de transformer la matière et l'énergie qui se développent via les altérations physiques, chimiques et biologiques qui l'affectent. Il s'agit de la première ligne de défense du système hydrogéologique. Deux groupes de paramètres pédologiques doivent être pris en compte pour mettre au point cette capacité, le premier contrôle directement les caractéristiques physiques du sol (absorption, infiltration, capacité de drainage, l'humidité du sol, la vitesse d'infiltration, etc.), il renferme : la taille des grains, la texture, la profondeur, la porosité totale, la quantité d'eau disponible, la densité, et la conductivité hydraulique du sol, et le deuxième groupe affecte directement la valeur numérique du coefficient K_d qui exprime le niveau d'adsorption d'une substance chimique. Les paramètres considérés dans ce groupe sont le pH, la capacité d'échange cationique, la teneur en matière organique et la teneur en argile. A cause des données pédologiques qui sont réduites à la taille des grains et la texture dans plusieurs pays, les intervalles choisis dans la méthode SINTACS ont été établis en prenant seulement la taille et la texture des grains comme référence.

Les classes pédologiques prises en considération dans la méthode SINTACS ainsi que leurs cotes correspondantes sont représentées dans le tableau 18.

Tab. 16 : Classes de recharge et cotes correspondantes dans la méthode SINTACS (Civita, 1994)

I : recharge ou infiltration efficace annuelle (mm)	Cote
0 - 40,4	1
40,4 - 64,2	2
64,2 - 90	3
90 - 109,5	4
109,5 - 133,33	5
133,33 - 164,2	6
164,2 - 192,8	7
192,8 - 235,7	8
235,7 - 350	9
350 - 373,8	8
373,8 - 400	7
400 - 433,33	6
433,33 - 550	5

Tab. 17 : Classes lithologiques de la zone vadose et cotes correspondantes dans la méthode SINTACS (Civita, 1994)

N : lithologie de la zone vadose	Cote
dépôt alluvial grossier	8 - 9
calcaire karstique	9 - 10
calcaire fracturé (fissuré)	6 - 9
dolomie fracturée (fissurée)	4 - 7
dépôt alluvial moyen à fin	6 - 8
complexe sableux	7 - 9
grès, conglomérats	4 - 9
roches plutoniques fissurées	2 - 4
séquence turbiditique (flysch)	5 - 8
roches volcaniques fissurées	8 - 10
marne, argile	1 - 3
moraine grossière	6 - 8
moraine moyenne à fine	4 - 6
argile, silt, tourbe	1 - 3
roches pyroclastiques	4 - 8
roches métamorphiques fissurées	2 - 5

Tab. 18 : Classes pédologiques et cotes correspondantes dans la méthode SINTACS (Civita, 1994)

C : type de sol	Cote
sol absent ou très peu épais	9,8 - 10
gravier pur	9,7 - 10
sable pur	8,9 -9,5
sol sableux	8 - 8,5
tourbe	7,5 - 8,2
argile sableuse	6,2 - 7
limon sableux	5,5 - 6
limon argilo-sableux	4,5 - 5,2
limon	3,5 - 4,2
limon silteux	3 - 4
limon argilo-silteux	2 - 3
limon argileux	6 - 8
argile limoneuse	1,4 - 2
sol humifère	1,2 - 2
sol argileux	1 - 3

II-2-2-5- Les caractéristiques hydrogéologiques de l'aquifère (A = caratteristiche idrogeologische dell'acquifero en italien)

L'approche systématique, qui représente la base des recherches hydrogéologiques modernes, considère l'aquifère comme étant une zone saturée à l'intérieur d'un complexe hydrogéologique perméable.

Dans les méthodes d'évaluation de la vulnérabilité, les caractéristiques de l'aquifère traduisent les processus qui se déroulent lorsque le contaminant se mélangent avec l'eau de l'aquifère après avoir perdu une partie plus ou moins importante de sa concentration initiale à travers le sol et la zone vadose. Ces processus sont essentiellement la dispersion moléculaire et cinétique, la dilution, l'adsorption, et les réactions chimiques entre les roches et les contaminants.

Une étude hydrogéologique intégrée avec toutes les données disponibles relatives à la zone saturée, en matière de lithologie, de structure, de forages, d'accidents tectoniques et de karst existants, est la base de l'information indispensable à l'évaluation de la vulnérabilité à la pollution de l'aquifère. La géométrie et le type de l'aquifère (non confiné, semi-confiné, ou confiné) plus la directions des flux, doivent également disponibles dans la zone d'étude.

En se basant sur les données précédentes, les unités lithologiques de la zone saturée peuvent être classées en s'inspirant des données du tableau 19.

Tab. 19 : Classes lithologiques de l'aquifère et cotes correspondantes dans la méthode SINTACS (Civita, 1994)

A : lithologie de l'aquifère	Cote
dépôt alluvial grossier	8 - 9
calcaire karstique	9 - 10
calcaire fracturé (fissuré)	6 - 9
dolomie fracturée (fissurée)	4 - 7
dépôt alluvial moyen à fin	6 - 8
complexe sableux	7 - 9
grès, conglomérats	4 - 9
roches plutoniques fissurées	2 - 4
séquence turbiditique (flysch)	5 - 8
roches volcaniques fissurées	8 -10
marne, argile	1 - 3
moraine grossière	6 - 8
moraine moyenne à fine	4 - 6
argile, silt, tourbe	1 - 3
roches pyroclastiques	4 - 8
roches métamorphiques fissurées	2 - 5

II-2-2-6- la conductivité hydraulique de l'aquifère (C = conductibilità dell'acquifero)

La conductivité hydraulique représente la capacité de mobilité de l'eau à l'intérieur de la zone saturée, et donc la mobilité potentielle d'un contaminant véhiculé par l'eau ayant une densité et une viscosité proche que celles de l'eau souterraine.

L'évaluation et la cartographie de ce paramètre est difficile, en particulier dans les zones montagneuses où les puits sont inexistants, et où les essais de pompages et d'injection sont impossibles. Malgré l'utilisation de marqueurs techniques dans ces zones, cette opération est très coûteuse et ne s'effectue pas par conséquent dans la majorité des cas.

Du fait que les données relatives à la conductivité hydraulique sont généralement peu disponibles dans une zone d'étude, la méthode SINTACS utilise deux approches pour déterminer de ce paramètre : une approche indirecte qui est basée sur des données statistiques et qui attribue à chaque entité lithologique de l'aquifère un intervalle de valeurs de conductivité hydraulique adéquat (tab.20), et une approche directe qui elle, est basée sur l'utilisation des valeurs de conductivité hydraulique k déjà disponibles dans la zone d'étude (tab.21).

II-2-2-7- la pente topographique (S = l'acclivita della superficie topografica en italien)

La pente topographique est un facteur important dans l'évaluation de la vulnérabilité puisqu'il règle la quantité d'eau ruisselée et sa vitesse de déplacement de cette eau (ou des fluides et/ou des contaminants véhiculés par cette eau) sur une surface donnée.

Dans la méthode SINTACS, les cotes les plus élevées sont attribuées aux valeurs de pente topographique les plus faibles. Dans les zones à faibles pentes, les contaminants seront moins déplacées sous l'effet de la gravité et seront donc aptes à subir facilement une percolation.

La pente topographique peut jouer le rôle d'un facteur génétique pour les sols, puisqu'elle peut agir sur leur type et leur épaisseur, qui règlent indirectement le pouvoir d'atténuation potentielle des systèmes hydrogéologiques. Il est également à signaler qu'il existe une relation entre la pente topographique et le gradient hydraulique des aquifères superficiel non confinés.

Les classes de pente proposées dans le modèle SINTACS ainsi que leurs cotes correspondantes sont présentées dans le tableau 22.

IV-3- La méthode SI (Susceptibility Index)
IV-3-1- Présentation de la méthode SI

La méthode SI (Susceptibility Index) ou méthode d'Indice de Susceptibilité a été développée au Portugal par Ribeiro (2000) dans le but de remédier à deux principaux défauts relatifs à la méthode DRASTIC : la redondance de certains paramètres et le défaut des systèmes de pondération qui est plus ou moins arbitraire. Le terme susceptibilité, utilisé dans l'appellation de cette méthode, a été défini par Vrba et Zoporozec en 1994, se réfère au "manque de capacité de résister à la modification de la qualité de l'eau d'un aquifère sous l'effet de contaminants".

Cette méthode a été conçue pour être appliquée essentiellement dans l'évaluation de la vulnérabilité à la pollution agricole diffuse, principalement par les nitrates, à moyennes et grandes échelles (de 1/50.000 à 1/200.000). La méthode SI prend en considération cinq

Tab. 20 : Exemples de complexes hydrogéologiques et conductivités hydrauliques correspondantes (Civita, 1994)

Complexe hydrogéologique	Conductivité hydraulique (m/s)
Gravier	$10^{-2} - 1$
Gravier sableux	$10^{-3} - 10^{-2}$
Sable fin pur	$10^{-5,8} - 10^{-4}$
Sable fin grossier	$10^{-4} - 10^{-2}$
Sable silteux	$10^{-5} - 10^{-3,2}$
Sable silteux fin	$10^{-7,2} - 10^{-5}$
Silt - Loess	$10^{-7} - 10^{-4,8}$
Silt - Loess argileux	$10^{-9} - 10^{-7}$
Dépôt glacial fin	$10^{-12} - 10^{-9}$
Dépôt glacial grossier	$10^{-9} - 10^{-4,9}$
Argile	$10^{-12,5} - 10^{-10}$
Argile silteuse	$10^{-10} - 10^{-8,9}$
Roche piroclastique fine	$10^{-10,1} - 10^{-8}$
Roche piroclastique grossière	$10^{-8} - 10^{-5}$
Roche argileuse et Marne	$10^{-13,2} - 10^{-10}$
Roche argileuse et Marnes calcaires	$10^{-10} - 10^{-8,9}$
Dolomie fracturée	$10^{-9,5} - 10^{-7,5}$
Dolomie karstifiée	$10^{-7,5} - 10^{-5,5}$
Calcaire et Marbre fracturé	$10^{-9,2} - 10^{-4}$
Calcaire et Marbre karstifiés	$10^{-4} - 10^{-1,8}$
Grès fracturé	$10^{-10} - 10^{-8}$
Grès semi-consolidé	$10^{-8} - 10^{-5,9}$
Roche volcanique compacte	$10^{-12,5} - 10^{-10}$
Roche volcanique fracturée	$10^{-10} - 10^{-3,5}$
Roche volcanique issue d'un flux récent	$10^{-3,5} - 10^{-1,5}$
Roche cristalline compacte	$10^{-13} - 10^{-10}$
Roche cristalline altérée	$10^{-10} - 10^{-8}$
Roche cristalline fracturée	$10^{-8} - 10^{-4}$

Tab. 21 : Classes de conductivité hydraulique et cotes correspondantes dans la méthode SINTACS (Civita, 1994)

C : conductivité hydraulique de l'aquifère (m/j)	Cote
2325,48 - 8640	10
86,4 - 2325,48	9
27,32 - 86,4	8
8,64 - 27,32	7
2,732 - 8,64	6
0,864 - 2,732	5
0,197 - 0,864	4
0,061 - 0,197	3
0,01 - 0,061	2
$8,64 \cdot 10^{-6}$ - 0,01	1

Tab. 22 : Classes de pente topographique et cotes correspondantes dans la méthode SINTACS (Civita, 1994)

S : pente topographique (%)	Cote
0 - 1	10
1 - 3	9
3 - 5	8
5 - 7,5	7
7,5 - 10,5	6
10,5 - 13,5	5
13,5 - 16,5	4
16,5 - 19,5	3
19,5 - 23	2
23 - 27,5	1

paramètres dont quatre paramètres sont identiques à ceux utilisés dans la méthode DRASTIC : **D** : la profondeur du plan d'eau, **R** : la recharge efficace de l'aquifère, **A** : la lithologie de l'aquifère, et **T** : la pente topographique du terrain. Le cinquième paramètre est relatif à l'occupation des sols (**OS**). La méthode SI permet ainsi une évaluation plus réaliste de la vulnérabilité à la pollution agricole par les polluants associés à l'occupation des sols.

IV-3-2- Les principaux contaminants associés aux pratiques agricoles

L'utilisation des fertilisants, des pesticides et des produits phytosanitaires dans les pratiques agricoles représentent les principaux facteurs de pollution diffuse dans les zones agricoles (Aller et al., 1987; IGME, 1985; Appelo et Postma, 1996; Pekny et Skorepova, 1999).

Alors que la pollution par le phosphore et le potassium ne représente pas une grande menace pour les aquifères étant donné que ces éléments sont peu mobiles dans le sol (Yaron et al., 1984), celle par les nitrates est fréquemment observée dans les aquifères localisés dans des zones agricoles (fig. 2).

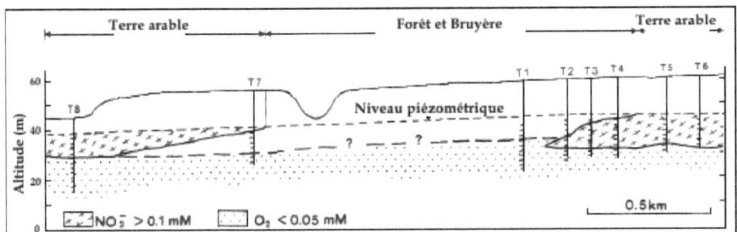

Fig. 2 : Pollution par les nitrates émanant d'un terrain agricole vers un aquifère sableux non confiné (Rabis Creek, Danemark). L'eau souterraine circule de droite à gauche. Les symboles T1 à T8 correspondant aux sites d'échantillonnage de l'eau (Appelo et Postma, 1996)

La mauvaise gestion liée à l'utilisation des fertilisants joue le rôle principal dans l'accumulation des composés azotés dans le sol. L'ion nitrate qui constitue la forme stable de l'azote dissous dans le sol, montre une haute solubilité et une haute mobilité ainsi q'une adsorption quasi-nulle. Il est lessivé vers la nappe aquifère et se déplace rapidement sans transformation et peut ainsi parcourir de grandes distances (Freeze et Cherry, 1979). La dénitrification qui est la réduction de NO_3 en N_2 gazeux, peut se produire en anaérobie et en présence de matière organique. Ce processus contrôle la capacité de "nettoyage" de la nappe aquifère. Cependant, l'identification de ce processus naturel semble être difficile, vu qu'il peut être confondu aux processus de dilution (Mariotti, 1994).

Les pesticides constituent également un contaminant potentiel pour les nappes aquifères. Vu leur grande variabilité chimique, leurs différents processus de contamination, la complexité de leurs mécanismes de transport et de dégradation dans le sol, dans la zone vadose et dans l'aquifère, il est difficile de les intégrer dans un modèle simplifié. En revanche, la contamination par les nitrates peut être utilisée comme étant un indicateur de la contamination par les pesticides (Ryker et Williamson, 1996 ; Druliner et Mc Grath, 1996).

II-3-3- Détermination de l'indice de susceptibilité SI

Les classes et les cotes correspondantes des 4 premiers paramètres sont identiques à celles de la méthode DRASTIC, mais les poids qui leur sont attribués ont été modifiés. Pour le cinquième paramètre, qui est le paramètre occupation des sols (**OS**), la classification utilisée est celle de Corine. Une valeur appelée facteur d'occupation des sols et notée LU, variant de 0 à 100, est attribuée à chaque classe d'occupation des sols.

Il est à signaler que les valeurs des cotes attribuées aux classes des cinq paramètres ont été multipliées par 10 pour faciliter la lecture des résultats obtenus. Les valeurs des cotes varient par conséquent de 0 à 100, allant du moins vulnérable au plus vulnérable (tab. 23, 24, 25, 26 et 27).

Les poids des paramètres varient de 0 à 1 selon l'importance du paramètre dans la vulnérabilité (tab. 28).

Tab. 23 : Classes de profondeur du plan d'eau et cotes correspondantes dans la méthode SI (Ribeiro, 2000)

Profondeur du plan d'eau (m)	Cote
0 - 1,5	100
1,5 - 4,5	90
4,5 - 9	70
9 - 15	50
15 - 23	30
23 - 31	20
> 31	10

Tab. 24 : Classes de recharge efficace annuelle et cotes correspondantes dans la méthode SI (Ribeiro, 2000)

Recharge efficace annuelle (mm)	Cote
0 - 50	10
50 - 100	30
100 - 180	60
180 - 250	80
> 250	90

Tab. 25 : Classes de pente du terrain et cotes correspondantes dans la méthode SI (Ribeiro, 2000)

Pente du terrain (%)	Cote
0 - 2	100
2 - 6	90
6 - 12	50
12 - 18	30
> 18	10

Tab. 26 : Classes Lithologiques de l'aquifère et cotes correspondantes dans la méthode SI (Ribeiro, 2000)

Lithologie de l'aquifère	Cote	Cote-type
Shale massif	10 - 30	20
Roches ignées/métamorphiques	20 - 50	30
Roches ignées/métamorphiques altérées	30 - 50	40
Till	40 - 60	50
Lits de grès, calcaire et shale	50 - 90	60
Grès massif	40 - 90	60
Calcaire massif	40 - 90	60
Sable et gravier	40 - 90	80
Basalte	20 - 100	90
Calcaire karstique	90 - 100	100

Tab. 27 : Principales classes d'occupation des sols et valeurs de LU correspondantes
(Ribeiro, 2000)

Occupation des sols	Valeur du facteur d'occupation des sols LU
Décharge industrielle, décharge d'ordures, mines	100
Périmètres irrigués, rizières	90
Carrière, chantier naval	80
Zones artificielles couvertes, zones vertes	75
Cultures permanentes (vignes, vergers, oliviers, etc.)	70
Zones urbaines discontinues	70
Pâturages et zones agro-forestières.	50
Milieux aquatiques (marais, salines, etc.)	50
Forêts et zones semi-naturelles	0

Tab. 28 : Poids attribués aux paramètres SI
(variant de 0 à 1, du moins au plus important)
(Ribeiro, 2000)

Paramètre	D	R	A	T	OS
Poids	0,186	0,212	0,259	0,121	0,222

L'indice de vulnérabilité SI est calculé en faisant la somme des produits des cotes par les poids des paramètres correspondants:

$$SI = Dp*Dc + Rp*Rc + Ap*Ac + Tp*Tc + OSp*OSc$$

où D, R, A, T, et OS sont les cinq paramètres de la méthode SI, **p** étant le poids du paramètre et **c**, la cote associée. La méthode SI présente quatre degrés de vulnérabilité selon les valeurs des indices de vulnérabilité (tab.29).

Il faut rappeler que les paramètres suivants ne sont pas considérés dans la méthode SI : la conductivité hydraulique de l'aquifère, l'impact de la zone vadose, et type de sol. En effet, la méthode SI considère que le paramètre conductivité hydraulique de l'aquifère est difficile à évaluer dans l'espace, de plus, ce dernier paramètre a été déjà pris en compte indirectement dans le paramètre A (lithologie de l'aquifère) qui prend en considération les caractéristiques granulométriques de l'aquifère. Ribeiro (2000) minimise également le rôle de la zone vadose en se basant sur les travaux de Foster (1987), et ceux de Vrba et Zoporozec (1994). De plus, ces auteurs considèrent que les processus d'atténuation relatifs au paramètre type de sol n'ont pas une grande influence sur la vulnérabilité, et que ce paramètre est indirectement impliqué dans le méthode SI à travers le paramètre occupation des sols.

Plusieurs applications de cette méthode ont montré une bonne corrélation entre les zones considérées vulnérables par cette méthode, et les zones réellement contaminées (Francés et al., 2002; Ribeiro et al., 2003; Batista, 2004; Oliveira et Lobo Ferreira, 2005; Stigter et al., 2006).

Tab. 29 : Critères d'évaluation de la vulnérabilité dans la méthode SI
(Ribeiro, 2000)

Degré de vulnérabilité	Indice de vulnérabilité
Faible	< 45
Moyen	45 - 64
Elevé	65 - 84
Très élevé	85 - 100

Deuxième Partie

Application des méthodes de vulnérabilité DRASTIC, SINTACS et SI à la nappe de Ras Jebel

Deuxième Partie
Premier Chapitre

Cadre général de la nappe de Ras Jebel

Cadre général de la nappe de Ras Jebel

I- Localisation géographique

La nappe phréatique de Ras Jebel est localisée au niveau du bassin versant de Metline - Ras Jebel - Raf Raf situé au Sud Est de la ville de Bizerte (Nord Est de la Tunisie) (fig. 3). Ce bassin versant correspond à une zone qui s'étend sur 45 km entre Ras Zebib et Ras Sidi Ali El Mekki, et dont la superficie est de 50 km² (Ennabli, 1969).

Le bassin versant est limité au Nord Ouest par les Jebels de la région de Metline : Jebels Beb Banzart, Sidi Bou Choucha et Touchela, au Nord et au Nord Est par la mer Méditerranée, au Sud Ouest par les Jebels Sidi Saleh et Hakima (Sud Ouest de Beni Ata) et Jebel El Faouar (Sud Ouest de Ras Jebel) et au Sud par les Jebels Jaouf (Sud Ouest de Raf Raf), En Nadhour (Sud de Raf Raf) et Ed Demina (Sud Est de Raf Raf).

70 % de la superficie du bassin versant, soit 35 km² du côté de la mer est occupée par la nappe phréatique de Ras Jebel dont l'altitude varie de 0 à 60 m.

Les villes de Metline, de Ras Jebel et de Raf Raf, ainsi que les villages de Beni Ata et de Sounine, sont les principales agglomérations de la zone d'étude.

II- Conditions climatiques

Le bassin versant de Metline - Ras Jebel - Raf Raf est caractérisé par un climat méditerranéen à hivers doux et humide et à été chaud et sec.

Les données pluviométriques utilisées dans cette étude (DGRE, 1982 - 2002) sont les données des vingt dernières années relatives aux stations Metline-siège municipal, Metline-Ras Zebib, Ras Jebel-école, Beni Ata, barrage de Chaâb Ed Doud et Raf Raf (tab. 31). La carte de pluviométrie annuelle élaborée montre que la pluviométrie varie de 495 à 638 mm avec une décroissance à partir des collines limitant la plaine vers la ligne de côte (fig. 4). La température moyenne annuelle a été calculée à partir des relevés effectuées au niveau de la station la plus proche : la station de Bizerte-Sidi Ahmed, elle est de l'ordre de 18 ° C (INM, 1982-2002). L'évapotranspiration potentielle moyenne est intermédiaire entre celle de Tunis et de Bizerte, elle est voisine de 930 mm. Les vents dominants sont de directions N.O. et l'Ouest.

III- Réseau Hydrographique

Le réseau hydrographique de la région d'étude comprend les principaux oueds suivants : Oued Beni Ata et Oued Ali intéressant la zone de Metline et de Behiret Beni Ata, Oued El Kantra, Oued Aouinet El Oued dans la zone de Ras Jebel, Oued et El Ma dans la zone de Sounine et Oued Aïn El Bled drainant la zone de Raf Raf.

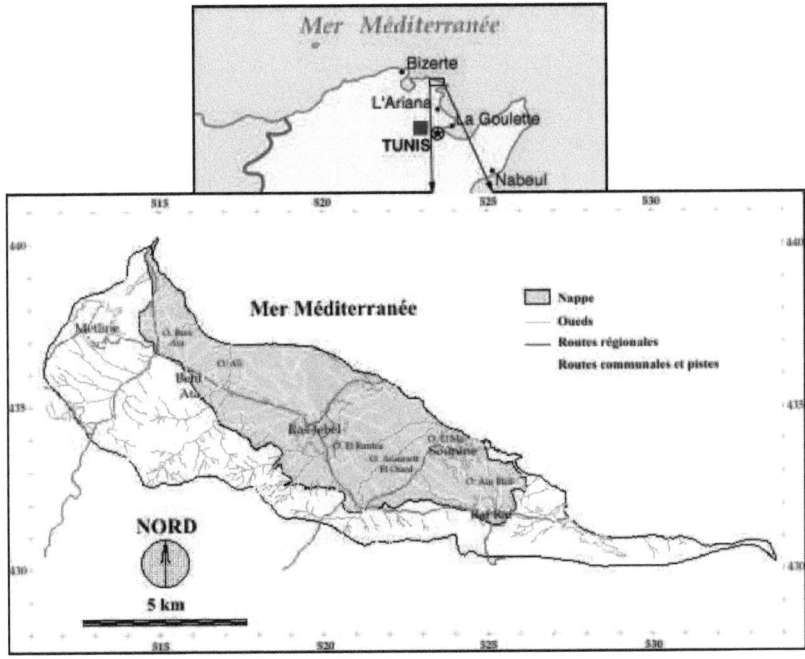

Fig. 3 : Carte de localisation du bassin versant et de la nappe de Ras Jebel
(Projection: Lambert Nord Tunisie, Unité linéaire: Kilomètres)
Tab. 30 : Localisation des stations pluviométriques
(Projection: Lambert Nord Tunisie, Unité linéaire: Kilomètres)

Nom de la station	Longitude	Latitude	Altitude	Durée	Période
Metline - siège municipal	512,964355	437,809875	190 m	45 ans	1960 à 2005
Metline - Ras Zebib	514,817505	438,51528	25 m	25 ans	1980 à 2005
Beni Ata	515,861633	436,346191	45 m	25 ans	1980 à 2005
Barrage Chaâb Eddoud	516,268738	434,397736	85 m	25 ans	1980 à 2005
Ras Jebel - école	519,916992	434,58316	50 m	45 ans	1960 à 2005
Raf Raf	524,991699	432,116791	140 m	45 ans	1960 à 2005

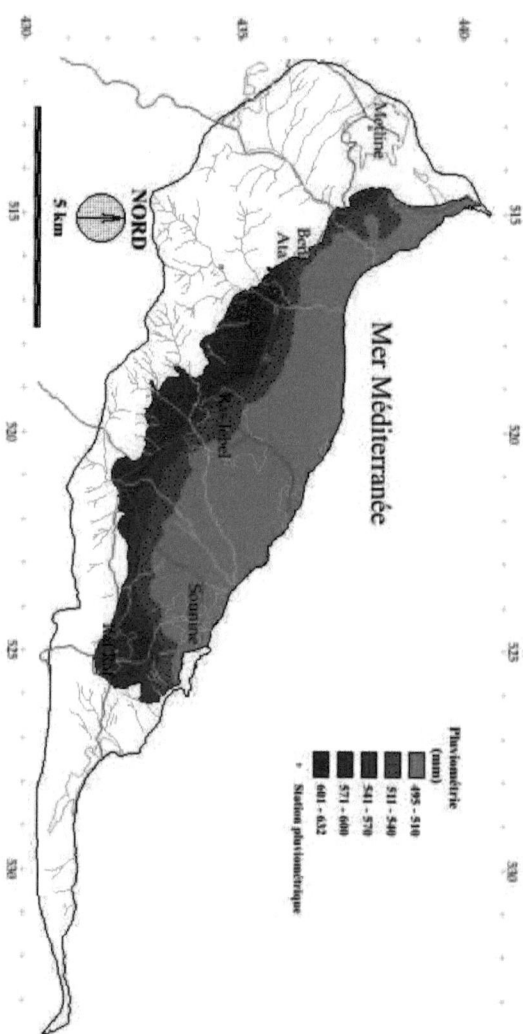

Fig. 4 : Isohyètes de la région d'étude

L'écoulement moyen annuel de surface dans le bassin versant est d'environ $2,9.10^6$ m³/an (Ennabli, 1969).

IV- Tectonique
IV-1- Contexte tectonique

Une phase orogénique anté-miocène a formé en particulier l'anticlinal de Metline. Pendant le miocène inférieur la flexure d'El Alia-Beni Ata favorise l'enfoncement du bassin à l'Est. Mais la première phase réelle de plissement n'a lieu qu'à la fin du 2ème cycle miocène (Vindobonien) : d'où la formation de l'anticlinal de Raf Raf.

Entre le Villafranchien inférieur et supérieur, l'activité tectonique permettra aux couches d'être discordantes par rapport aux précédentes. La grande phase orogénique se produit à la fin du Villafranchien après le dépôt des sables rubéfiés; les terrains mio-pliocènes forment des plis souples. La faille d'El Alia - Beni Ata retrace l'emplacement de la flexure mais joue en sens contraire : l'Est se soulève, et l'Ouest reste abaissé (Burollet, 1951).

IV-2- Structure tectonique

Le bassin versant de Metline - Ras Jebel - Raf Raf peut être subdivisé en trois ensembles tectoniques principaux (Burollet, 1951) (fig. 5) :

- A l'Ouest de la faille El Alia-Beni Ata :

Existence de l'anticlinal de Metline - Beni Ata, d'âge anté-miocène, et qui est un anticlinal à cœur de Sénonien orienté vers le S.S.O., avec un flanc Ouest à peu près régulier, et un flanc Est faillé.

- A l'Est de la faille El Alia - Beni Ata :

Existence d'un monoclinal d'âge mio-pliocène. Ce monoclinal est relevé contre l'accident et plongeant vers l'Est et le Sud Est. Vers Raf Raf on a l'indication du caractère anticlinal de toute la série : à El Fratess (village de Sounine), il y a le reste d'un flanc Nord largement ouvert vers l'Ouest et marqué spécialement par les grès pliocènes.

- A l'Est d'El Fratess, Sounine :

Existence de l'anticlinal de Raf Raf - Jebel Ed Demina - Iles Pilau et Plane. Cet anticlinal est dissymétrique et à cœur de flysch, avec des pendages assez forts. Il est recouvert en discordance par le Pliocène. Un étirement tectonique accuse cette dissymétrie.

Quatre coupes géologiques ont été effectuées par Burollet en 1951 au niveau du bassin versant de Metline-Ras Jebel-Raf Raf. Ces coupes sont les coupes AA', BB', CC', et DD' (fig 6, 7, 8, 9 et 10).

Fig. 5 : Schéma tectonique du bassin versant de Metline - Ras Jebel - Raf Raf (Burollet, 1951)

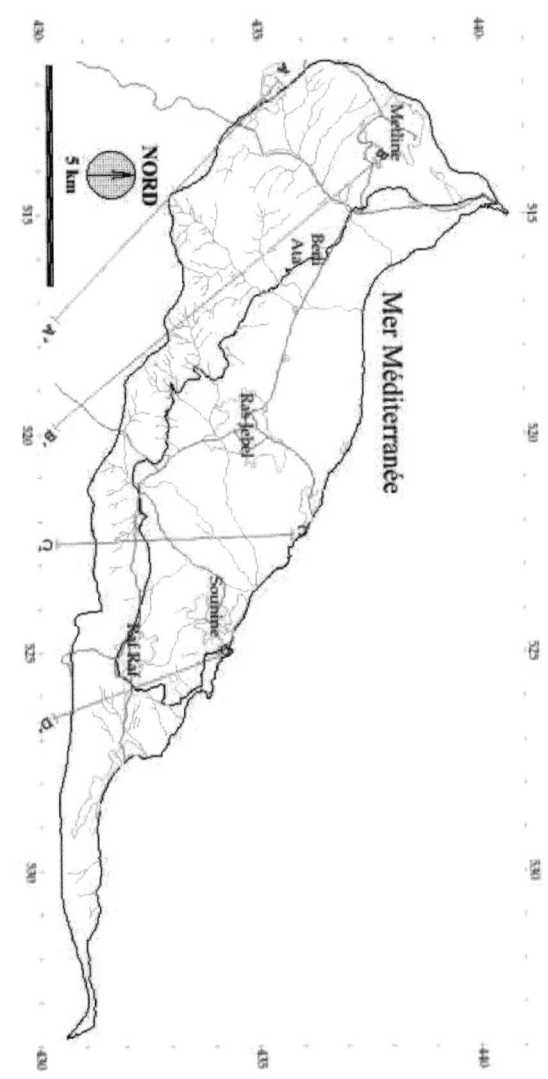

Fig. 6 : Emplacements des coupes géologiques AA', BB', CC', et DD' effectuées au niveau du bassin versant de Metline - Ras Jebel - Raf Raf (Burollet, 1951)

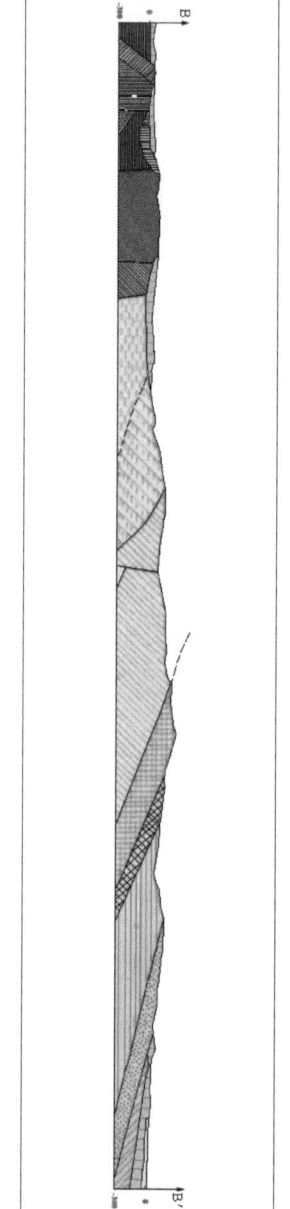

Fig. 7 : Coupe géologique AA' (Burollet, 1951)

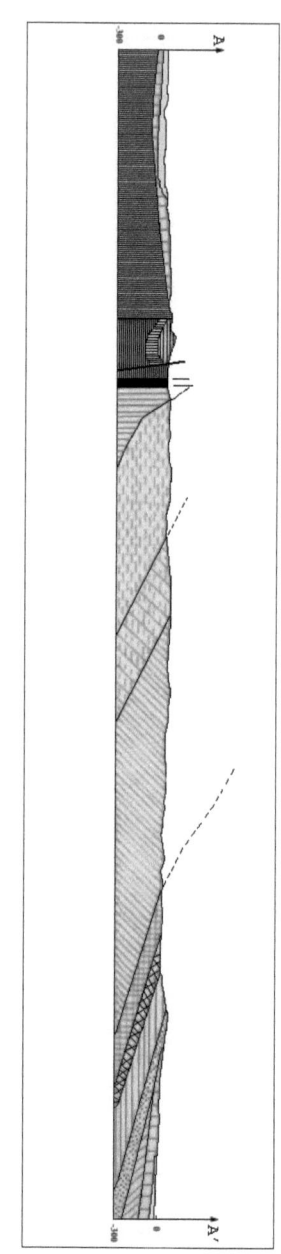

Fig. 8 : Coupe géologique BB' (Burollet, 1951)

a	p^1s	e_{I-III}
D	P^1m	$e_{IV-V}\,c^{10}$
Pl	m^1	C^9
q^{2-d}	m^2c	C^7
q^{2-1}	m^2b	C^{5-4}
q^m	m^2_{ab}	t
q_{IIc}	m^2a	
q_{IIb}	m^1_I	
q_{IIa}	e^{3-1}	

a : Alluvions récentes ; **D** : Dunes ; **Pl** : Dépôts de plage et cordons littoraux ;

q^{2-d} : Dunes mortes ; q^{2-1} : Sols anciens et éboulis ;

q^m : Quaternaire marin et dunes anciennes ; $q_{II}c$: Croûte villafranchienne du messeftine ;

$q_{II}b$: Villafranchien supérieur ; $q_{II}a$: Limons du villafranchien inférieur au messefine ;

p^1s : Grès de Porto Farina (Faciès astien passant parfois au sommet du villafranchien inf) ;

p^1m : Marnes de Raf Raf (Faciès plaisancien) ; m^3 : Pontien ;

m^2c : Série de l'oued Bel Khedim (marnes) ; m^2b : Flysch du Kechabta ;

m^2_{ab} : Zone de transition du Flysch ;

m^2a : Marnes grises de l'oued Melah ; m^1_I : Miocène inférieur bigarré ;

e^{3-1} : Eocène supérieur ; e_{I-III} : Calcaire éocène ; $e_{IV-V}\,c^{10}$: Paléocène ;

C^9 : Calcaire campanien ; C^7 : Sénonien inférieur ; C^{5-4} : Cénomanien ; **t** : Trias

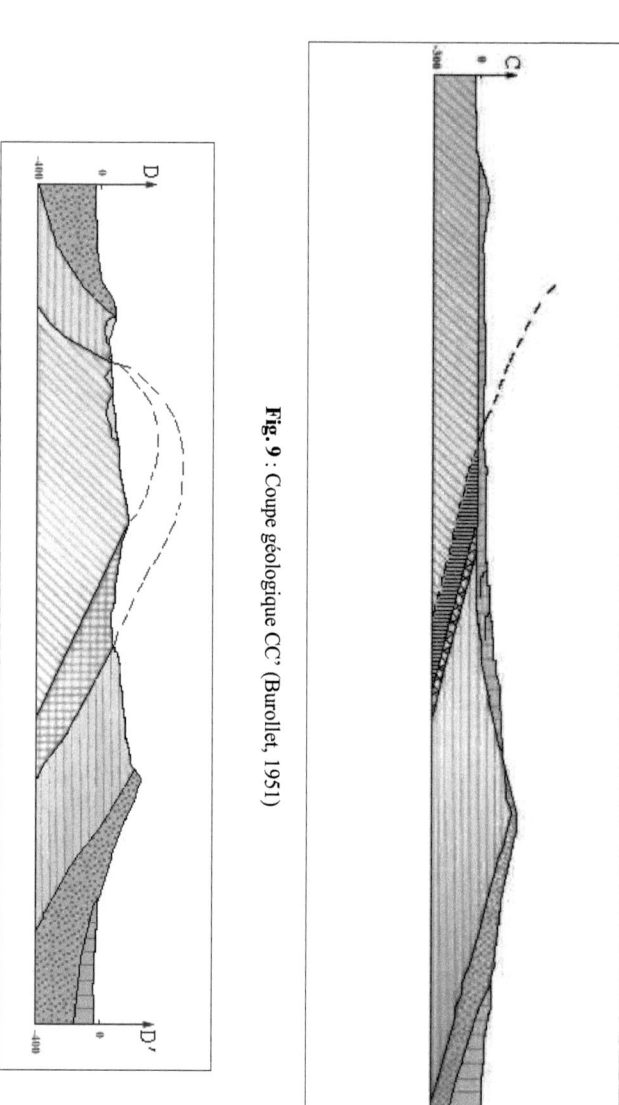

Fig. 9 : Coupe géologique CC' (Burollet, 1951)

Fig. 10 : Coupe géologique DD' (Burollet, 1951)

V- Morphologie du bassin versant

Selon Burollet (1951), la région de Raf Raf - Ras Jebel montre une série de "côtes" espacées marquant les principaux bancs du monoclinal. La ligne des grès jaunes d'âge pliocène, majeure dans le relief, est coupée de cluses typiques. L'ensemble est limité au Nord par la plaine côtière de Ras Jebel (Quaternaire marin, dunes et alluvions actuelles).

Vers Metline, les formes sont plus anciennes, la boutonnière anticlinale s'est dessinée à une période d'érosion antérieure.

VI- Hydrogéologie de la nappe de Ras Jebel
VI- 1- Historique des études

La nappe de Ras Jebel a fait l'objet de plusieurs études dont celles de Granottier (1931), Pimienta (1945) et Ennabli (1969). Ce dernier a établi le bilan hydrologique de la nappe. Jusqu'à cette date (1969), la nappe était enclavée et le débit puisé servait essentiellement à l'alimentation en eau potable de la région. La qualité de l'eau était bonne, la salinité variait entre 0,3 et 0,5 g/l.

Depuis les années 70, plusieurs forages et puits de surface ont été créés, des lacs et des barrages collinaires ont été construits sur le parcours des oueds. Le nombre de forages et des puits de surface dépassait le plus souvent ce qui était proposé par les études.

Balti (1986), dans une note interne de la DGRE commentant les résultats de l'inventaire de la nappe qui a été effectué en 1985, indique l'augmentation de la salinité et l'approfondissement du plan d'eau de la nappe dans la zone de Behirett Beni Ata et de Ras Jebel, et ceci suite à la surexploitation de la nappe. Choura (1994) confirme ces observations dans son étude hydrogéologique de la zone. Enfin, Essayeh (1996) qui a réactualisé les données hydrogéologiques de la nappe, a observé également une augmentation de la salinité et un abaissement du niveau piézométrique, sauf dans la zone de Ras Jebel où l'irrigation est pratiquée à partir du réseau de la Mejerda.

VI-2- Conditions hydrogéologiques

Le bassin versant de Metline-Ras Jebel-Raf Raf présente des affleurements de terrains anté-quaternaires et /ou des terrains quaternaires.

Aussi bien les conditions lithologiques que tectoniques des étages géologiques anté-quaternaires sont défavorables en général à l'existence d'un niveau aquifère (Ennabli, 1969) : le calcaire éocène fracturé, ne peut que difficilement être atteint par forage. On y observe cependant un niveau aquifère donnant naissance à une source de déversement au contact des marnes suessoniennes sous-jacentes, imperméables : Ain Meghira au S.O. de Metline. Les terrains miocènes, généralement marneux, sont imperméables et très souvent gypsifères. Les bancs gréseux formant le flysch du Kéchabta sont trop compacts, peu épais et isolés les uns des autres pour former un horizon aquifère. Les dépôts continentaux d'argiles rougeâtres, de sables grossiers, de graviers et de conglomérats du Pontien, bien qu'ils soient perméables dans l'ensemble, affleurent sur une surface trop restreinte pour donner lieu à des réserves intéressantes. Séparés du Pontien par les marnes de Raf Raf tout à fait imperméables, les grès de Porto Farina, seul étage intéressant, n'affleurent pratiquement pas dans le bassin versant. Les deux pitons d'El Feratass (Sounine), de très faible surface et fortement inclinés vers le Nord donnent naissance dans le vallonnement qui les sépare à une source : Ain El Feratass. La structure anticlinale des dépôts mio-pliocènes ne fait qu'aggraver les conditions lithologiques déjà peu propices à toute accumulation d'eau.

Les conditions hydrogéologiques dans les dépôts quaternaires et les formations actuelles, localisées au niveau de la plaine, sont nettement plus favorables à l'existence d'une nappe aquifère : la nappe de Ras Jebel (Ennabli, 1969) :
- une grande extension de ces terrains.
- une bonne perméabilité des éboulis, essentiellement gréseux, surmontant des marnes imperméables, inclinés vers le large d'où viennent les précipitations et disposés pour les recueillir au mieux.
- une topographie modelée au Villafranchien supérieur dont on note l'absence de dépôts, sur le substratum mio-pliocène marneux imperméable, et remblaiement des dépressions ainsi réalisées par les sables gréseux d'une dune ancienne d'âge tyrrhénien sous l'action des vents du N.O. Un tel phénomène est visible dans le lit de l'Oued Sandid au Nord de Raf Raf : des couches de grès sableux à stratification entrecroisée reposent en discordance sur une trentaine de mètres d'épaisseur, au-dessus soit du flysch du Kechabta soit des marnes de l'Oued Bel Khedim, des grès pontiens ou des marnes de Raf Raf, et s'amenuisent sur les flancs sud des pitons d'El Feratass et sur les flancs septentrionaux de la colline d'Es S'tah, montrant bien ainsi l'existence d'une ancienne vallée ouverte vers la mer et envahie par les sables dunaires.

L'ensemble de ces conditions hydrogéologiques est propice à l'existence de niveaux aquifères traduits par l'émergence de sources (Ennabli, 1969). Celles-ci sont en général insignifiantes lorsqu'elles sourdent d'éboulis ou de dunes anciennes telles que : Aïn El Berda, Aïn El Ksar, Bir El Kouss, Aïn Semara, Aïn Er Roumi, Aïn Sfar, Aïn Ben El Aouar, Aïn El Hammar, Aïn Sidi Mansour, Aïn Ech Chaouch, Aïn Cheoua, Aïn Saf, Ghdir El Aïn, Aïn Mahloul, Aïn El Mestir, Aïn Ech Cherchar, Aïn El Kassa et Aïn El Hammam.

La carte géologique au 1/50 000 de la plaine de Ras Jebel (fig. 11) a été établie d'une part à partir de la carte géologique au 1/50 000 établie par Burollet en 1951 et qui

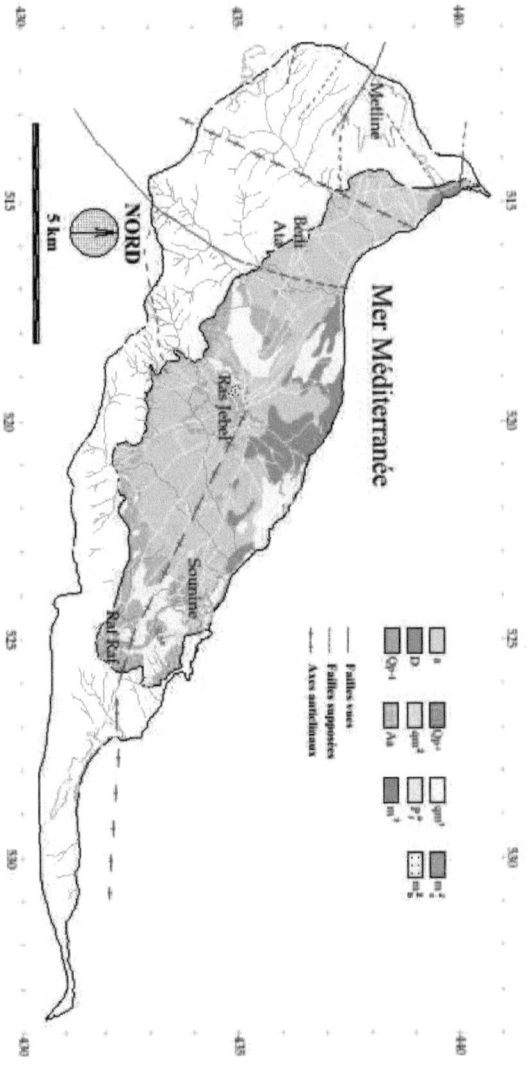

a : Alluvions récentes ; **D** : Dunes récentes ; **Qp-t** : Pléistocène supérieur - Tyrrhénien : grès dunaire consolidé ;
Qp^a : Pléistocène supérieur : Colluvions, alluvions et éboulis encroûtés avec localement des intercalations de grès éolien ;
qm^2 : Dépôts de plages et cordons littoraux ; **Aa** : Sols anciens et éboulis ; **qm^1** : Quaternaire marin et dunes anciennes ;
P$_1^a$: Pliocène, Marnes de Raf Raf, Faciès plaisancien ; **M^3** : Pontien : Marnes sableuses rouges, argiles brunes, et sables grossiers.
M$_c^2$: Miocène : Marnes de l'Oued Bel Khédim : Marnes gypseuses à Huitres ou argiles à lits de calcaires lacustres ;
M$_b^2$: Miocène : Flysch du Kechabta, Alternances de marnes et de grès fin.

Fig. 11 : Carte géologique de la nappe de Ras Jebel

couvre la majeure partie de la surface de la nappe et d'autre part à partir de la carte géologique de Metline d'échelle 1/50 000 (El Ghali et Ben Ayed, 2000) pour la partie Nord Est de la nappe qui n'a pas été couverte par l'étude de Burollet.

Les terrains géologiques de la plaine sont les suivants :

- **Alluvions récentes (a)** : Elles couvrent la majeure partie de la plaine. Elles sont apportées par les oueds qui s'y déversent.

- **Dunes récentes (D)** : Ce sont de grandes dunes mouvantes, formées de sables fins soulevés par les vents du N.O. Elles sont connues au niveau de la région côtière au Nord de la ville de Ras Jebel.

- **Tyrrhénien (Qp-t)** : Il est formé par des grès dunaires consolidés, observés au niveau de la région côtière de Ras Zebib au N.O. de la ville de Metline.

- **Pléistocène supérieur (Qpa)** : Formé de colluvions, d'alluvions et d'éboulis encroûtés, avec localement des intercalations de grès éoliens. Ces terrains sont localisés au niveau de la région côtière de Ras Zebib au N.O. de la ville de Metline.

- **Dépôts de plages et cordons littoraux (qm^2)** : Ils sont observés au niveau de la région côtière de Chatt Mèmi et de Marsa El Oued (Est de la ville de Metline), et au niveau de la côte de Sounine.

- **Sols anciens et éboulis (Aa)** : Très souvent d'origine alluvionnaire, parfois éolienne. Ces sols sont parfois très épais ; ils se sont déposés au fur et à mesure de la destruction par l'érosion des collines. Certains de ces sols sont antérieurs à la dune tyrrhénienne. Par endroits on y rencontre des croûtes assez développées. Ils sont localisés au sein même de la ville de Raf Raf, au Nord et à l'Ouest de Raf Raf, à l'Ouest de la ville de Ras Jebel.

- **Quaternaire marin et dunes anciennes (qm^1)** : La plage quaternaire occupe en longueur toute la côte nord de la région de Ras Jebel - Raf Raf. Elle est généralement formée de sables blancs à débris de coquilles diverses. Les dépôts de plages passent vers le haut à une dune fossile formée de sable à prédominance calcaire, assez grossier. Cette dune, soulevée par un vent de N.O. à partir du rivage nord a envahi au Tyrrhénien la région de Ras Jebel, de Raf Raf et du Jebel Ed Demina, et ceci à l'image comme le fait la dune actuelle, mais avec une extension encore plus grande. La dune fossile occupe de grandes étendues à l'Ouest, au Nord et à l'Est de Raf Raf, elle atteint en plusieurs endroits l'altitude de 150 m. Elle est généralement cimentée en surface par une croûte superficielle. Elle monte à l'assaut de collines assez escarpées, à l'Est de Metline à Ras Zebib par exemple, ou à El Feratass, de manière très spectaculaire.

- **Pliocène, Marnes de Raf Raf (P_1^a)** : C'est une série épaisse de marnes grises parfois brunes ou verdâtres, débutant par un faciès de transgression souvent marqué par des conglomérats et passant à leur partie supérieure aux grès de Porto Fraina.
- **Pontien (M^3)** : Il est formé de marnes sableuses rouges, d'argiles brunes, et de sables grossiers. De tels terrains sont observés au Nord de la ville de Raf Raf.
- **Miocène, Marnes de l'Oued Bel Khédim (M_c^2)** : Ce sont des marnes gypseuses à huîtres ou argiles à lits de calcaires lacustres. Cette série est localisée au niveau d'une zone restreinte au Nord de la ville de Raf Raf.
- **Miocène, Flysch du Kechabta (M_b^2)** : Il s'agit d'alternances de marnes et de grès fin qui sont observées dans une petite localité au Nord Est de la ville de Raf Raf.

VI-3- Principales caractéristiques hydrogéologiques de la nappe de Ras Jebel

VI-3-1- Géométrie de l'aquifère

Le substratum anté-quaternaire est généralement au-dessus du niveau de la mer sauf pour la basse plaine de Beni Ata, où il accuse un abaissement régulier d'amont en aval et d'Est vers l'Ouest (Ennabli, 1969). Cette configuration du substratum de l'aquifère conditionne l'écoulement général de la nappe. Le remplissage quaternaire est relativement épais sur la partie Ouest de la plaine (Ras Zebib - Beni Ata). Il s'amincit vers l'Est (Ras Jebel - Raf Raf) et demeure relativement plus uniforme que dans d'autres secteurs de la région.

VI-3-2- Paramètres hydrodynamiques : transmissivité et coefficient d'emmagasinement

Les mesures de transmissivité effectuées à partir d'essais de pompage réalisés sur une quarantaine de puits répartis sur toute la plaine (Ennabli, 1969), donnent une image des potentialités hydrauliques de la nappe. Ainsi, les trois zones les plus transmissives, où $T > 15.10^{-4}$ m²/s, correspondent à la basse plaine alluviale de Bhirett Beni Ata, à la zone basse alluviale des oueds El Krib et Aouinett El Oued couvrant la zone amont des sources Aïn Cherchara, Aïn Ez Zaouia, Aïn El Kassa, Aïn El Hammam, et la zone gréso-dunaire des sources Aïn El Mestir et Aïn El Mahloul. La valeur moyenne de transmissivité de la plaine est de 2.10^{-1} m²/s et le coefficient d'emmagasinement varie de 2 à 10 %.

VI-3-3- Alimentation et écoulement naturel de l'aquifère

La zone de Bhirett Beni Ata s'alimente sur les bordures à partir des eaux de ruissellement et par écoulement souterrain à partir de la zone de Ras Jebel. Une partie de l'écoulement de la nappe se fait directement vers la mer. L'évaporation et le drainage dans la Bahira interviennent dans la zone basse où le gradient hydraulique est d'environ 2 %.

De Ras Jebel divergent trois axes d'écoulement en déterminant une zone d'alimentation au pied des affleurements. Une partie de l'écoulement de la nappe se fait vers la mer tout en donnant naissance à certaines sources côtières (Ain Kdhoura et Ain El Mestir) et le reste se déverse dans les deux secteurs drainants adjacents. La zone comprise entre Ras Jebel et Raf Raf est une aire de drainage qui comprend la zone de l'Oued El Krib, Oued Aouinett El Oued et Oued El Ma, et les affleurements de dunes anciennes.

VI-3-4- Piézométrie de l'aquifère

Vu que les données piézométriques n'ont que légèrement varié de 1995 à 2002, la carte piézométrique a été dressée à partir des données des niveaux piézométriques enregistrées par la DGRE dans environ 100 puits de surface, dont certaines datent de 1995 (Essayeh, 1996) et d'autres de 2002. La carte (fig. 12) montre des courbes isopièzes qui suivent approximativement les courbes de niveau topographique. La piézométrie fait apparaître deux zones de drainage : Essafia - Beni Ata et Bhirett Beni Ata, et une zone d'alimentation localisée au Nord de Ras Jebel.

VI-3-4-1- Zone de Bhirett Beni Ata

C'est une dépression fermée qui est bien marquée par l'allure des courbes isopièzes. Elle forme une aire de drainage dont l'axe est de direction générale S.E. - N.O. (fig. 12). Le niveau piézométrique est en général assez bas et tend vers le niveau zéro, dès que l'on s'éloigne des reliefs de bordure. Dans la partie N.O. de cette zone, l'écoulement souterrain se fait d'amont en aval vers la mer. Au S.E., l'écoulement se fait vers le centre de la dépression puis vers la mer. Le gradient hydraulique moyen y est de 2 %. Ainsi donc, la zone de Bhirett Beni Ata collecte l'eau pluviale à partir de son amont et les eaux souterraines de la zone voisine de Ras Jebel y aboutissent également.

VI-3-4-2- Zone de Ras Jebel

C'est une zone d'alimentation comme le montre l'allure générale des courbes isopièzes qui sont convexes vers l'aval. Trois axes d'alimentation divergent de part et d'autre de Ras Jebel vers l'aval et sont séparés par deux axes de drainage dont le plus important est celui qui relie Ras Jebel à la mer, à la faveur du cordon dunaire séparant ces affleurements dunaires. Le gradient hydraulique y varie entre 2 et 10 %.

VI-3-4-3- Zone de Ras Jebel - Raf Raf

Le gradient hydraulique évolue des zones basses à alluvions jusqu'aux zones des sables dunaires qui sont plus escarpées. L'allure des courbes isopièzes montre un

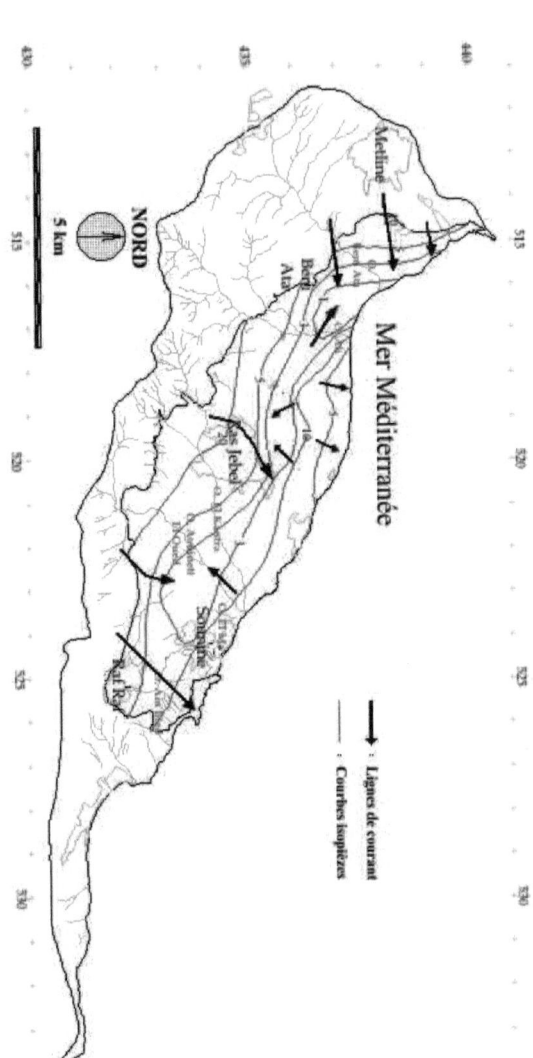

Fig. 12 : Carte piézométrique de la nappe de Ras Jebel (Essayeh, 1996, modifiée)

axe d'alimentation dans la région d'El Mhammdia et un axe de drainage le long des oueds Aouinet El Oued et El Ma. L'alimentation de la nappe se fait essentiellement à partir des affleurements dunaires recouvrant le substratum marneux. Au Nord de cette zone, un axe d'alimentation suit pratiquement le littoral et contribue à l'alimentation des secteurs à piézométrie basse, à Bhirett Ras Jebel.

Deuxième Partie

Deuxième Chapitre

Application de la méthode DRASTIC, en ses deux versions standard et pesticides, à la nappe de Ras Jebel

Application de la méthode DRASTIC, en ses deux versions standard et pesticides, à la nappe de Ras Jebel

I- Elaboration des cartes paramétriques DRASTIC

I-1- Carte de la profondeur du plan d'eau

Pour étudier ce paramètre, nous avons utilisé les mesures des niveaux piézométriques enregistrées par la DGRE en 2002 dans 43 puits de la zone d'étude, et à partir desquelles les données de profondeur du plan d'eau ont été déduites. De plus, nous nous sommes servi des données de profondeur du plan d'eau enregistrées par Essayeh en 1995 dans plus de 60 puits bien répartis sur l'ensemble de la zone d'étude, et ceci pour pouvoir effectuer une comparaison entre les valeurs de 1995 et celles de 2002 dans le but d'estimer les valeurs de profondeur du plan d'eau de 2002 dans les zones où les données récentes sont absentes. Il est à signaler que seule une légère variation apparaît entre les données enregistrées en 1995 et celles enregistrées en 2002. L'ensemble des valeurs a permis après un ensemble de traitements avec les logiciels ARC/Info et Idrisi (voir annexe I), d'établir la carte de profondeur du plan d'eau. Cette carte a été classée en 5 classes en se basant sur la classification de la méthode DRASTIC. Les cotes correspondantes à ces classes varient de 2 à 9 (fig. 13).

I-2- Carte de la recharge nette de l'aquifère

I-2-1- Calcul de la recharge nette selon la méthode de la balance hydrique

Dans une étude précédente (Hamza, 1999 ; Added et Hamza, 1999), nous avons appliqué la méthode de la balance hydrique (Thornthwaite, 1948) dans le calcul de la recharge nette annuelle de la nappe de Ras Jebel. L'équation relative à cette méthode est la suivante :

$$R = \sum_{i=1}^{12} (P_i + Ir_i) - RO_i + \Delta W_i - ETR_i$$

où R = recharge nette annuelle, P_i = pluviométrie à l'$i^{ème}$ mois (mm), Ir_i = quantité d'eau d'irrigation à l'$i^{ème}$ mois (mm), RO_i = ruissellement superficiel à l'$i^{ème}$ mois (mm), ΔW_i = variation de l'humidité du sol à l'$i^{ème}$ mois (mm), et ETR_i = évapotranspiration réelle à l'$i^{ème}$ mois (mm).

Le paramètre ruissellement superficiel est calculé selon la formule suivante :

$$RO = \left(\frac{P_i - 0{,}2S}{P_i + 0{,}8S}\right)^2$$

, avec: P = pluviométrie (mm), et S = volume du réservoir sol (mm).

Le paramètre S dépend de cinq critères essentiels influençant directement le ruissellement : la nature du sol, la pente du terrain, les pratiques culturales, la végétation, et l'humidité du sol.

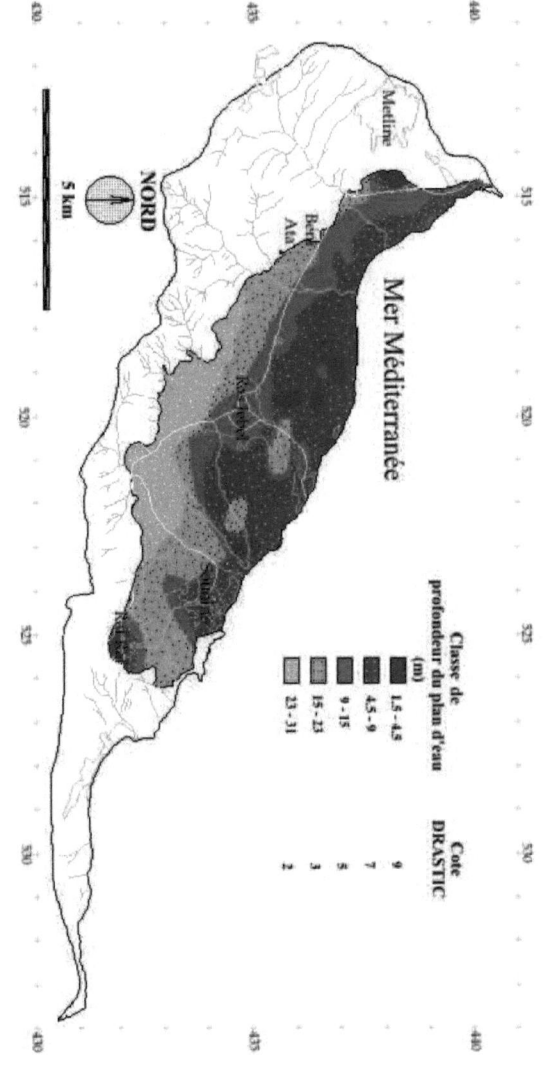

Fig. 13 : Carte de la profondeur du plan d'eau de la nappe de Ras Jebel (méthode DRASTIC)

$$\text{avec } S = \frac{1}{25{,}4}\left(-10 + \frac{1000}{CN}\right)$$

où CN est le "curve number". CN englobe les cinq critères déjà énumérés, il représente une sorte de coefficient de ruissellement dont la valeur varie de 0 à 100. Les valeurs les plus faibles correspondent à un potentiel d'infiltration élevé, tandis que les valeurs les plus élevées correspondent à un potentiel de ruissellement important.

La variation de l'humidité du sol (ΔW) est calculée en mm à l'échelle du mois à partir des équations suivantes :

$\Delta W_i = (P - RO - ETP)$ dans le cas où: $(P - RO - ETP)_i > 0$, et $W_{i+1} + \Delta W_i \leq W_{max}$;

$\Delta W_i = W_{max} - W_{i-1}$, dans le cas où: $(P - RO - ETP)_i > 0$, et $W_{i-1} + (P - RO - ETP)_i > W_{max}$;

et

$\Delta W_i = W_{i-1} (e^{(P-R=-ETP)_i / W_{max}} - 1)$, dans le cas où: $(P - RO - ETP)_i \leq 0$

avec: W_{max} = humidité maximale du sol (mm), W_i = humidité du sol à l'$i^{ème}$ mois (mm), ETP_i = évapotranspiration potentielle à l'$i^{ème}$ mois (mm), P_i = pluviométrie à l'$i^{ème}$ mois (mm), et RO_i = ruissellement superficiel à l'$i^{ème}$ mois (mm).

L'évapotranspiration réelle ETR est calculée à l'échelle du mois à partir des équations suivantes:

$ETR_i = ETP_i$; dans le cas où $(P - R/O - ETP)_i \geq 0$

et

$ETR_i = (P - R/O - \Delta ST)_i$; dans le cas où $(P - R/O - ETP)_i < 0$

L'évapotranspiration potentielle (ETP), est calculée à partir de la formule suivante :

$ETP_i = 16 \,(10.t_i / I)^a$, avec: t_i = température à l'$i^{ème}$ mois, I = indice thermique annuel =

$= \sum_{i=1}^{12} m_i$ (m_i = indice thermique mensuel) avec $m_i = (t/5)^{0.514}$

et

$a = 675 + 10^{-9} I^3 - 771 + 10^{-7} I^2 + 1792 + 10^{-5} I + 0{,}49239$

Pour déterminer la recharge nette avec cette méthode, cela nécessite un très grand nombre de données dont une grande partie n'est pas disponibles dans notre région d'étude. Pour cette raison des approximations ont été faites pour calculer certains paramètres dont le paramètre S (volume du réservoir sol) et le paramètre W (humidité du sol).

En appliquant cette méthode nous avons montré que la recharge nette varie entre 46 et 178 mm. Ces valeurs sont rangées en trois classes selon la méthode DRASTIC : 0 à 50 mm, 51 à 100 mm, et 101 à 180 mm, dont les cotes correspondantes sont respectivement 1, 3 et 6 (fig. 14).

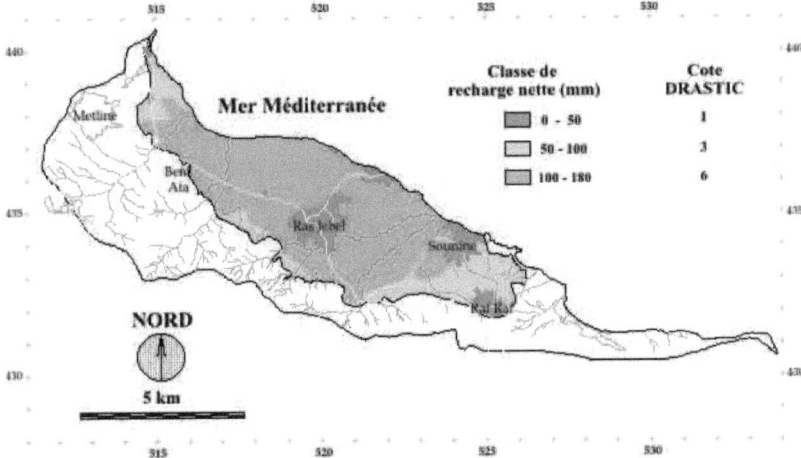

Fig. 14 : Carte DRASTIC de la recharge nette de la nappe de Ras Jebel, (méthode de la balance hydrique) (Hamza, 1999)

La recharge nette a été recalculée dans la présente étude en utilisant deux autres méthodes qui semblent mieux s'adapter à nos conditions. Il s'agit des méthodes de Williams et Kissel (1991) et de Rao (1970) qui prennent en compte un paramètre commun qui est la quantité d'eau relative à la pluviométrie et l'irrigation lorsque cette dernière existe (Hamza et al., 2006). Dans la méthode de Williams et Kissel, on tient compte d'un deuxième facteur qui est la vitesse d'infiltration d'eau dans les sols, facteur qui est représenté par le paramètre groupe hydrologique du sol. L'établissement de ces deux cartes de recharge a été effectué en utilisant les logiciels des SIG Arc/Info et Idrisi (voir annexe I)

I-2-2- Calcul de la recharge nette selon la méthode de Williams et Kissel

La méthode de Williams et Kissel a été adoptée pour l'évaluation de la recharge nette des aquifères dans plusieurs régions semi-arides aux États Unis (Engel et al., 1996). La recharge nette, R, est calculée dans la méthode de Williams et Kissel avec les équations suivantes correspondant aux différents groupes hydrologiques de sol :

$R = (P - 10{,}28)^2 / (P + 15{,}43) \rightarrow$ groupe hydrologique A.

$R = (P - 15{,}05)^2 / (P + 22{,}57) \rightarrow$ groupe hydrologique B.

$R = (P - 19{,}53)^2 / (P + 29{,}29) \rightarrow$ groupe hydrologique C.

$R = (P - 22{,}67)^2/(P + 34{,}00) \rightarrow$ groupe hydrologique D.

où P est la pluviométrie et l'irrigation annuelles, exprimées en inch.

Les quatre groupes hydrologiques A, B, C et D (Viessmann et al., 1977) correspondent aux types de sols classés selon leur pouvoir d'infiltration :

- Groupe hydrologique A : Sols ayant des vitesses d'infiltration élevées même s'ils sont totalement mouillés. Ils se composent principalement de sols profonds, bien à excessivement drainés, formés de sable ou de gravier. Ces sols se caractérisent par des vitesses de transmission d'eau élevées.

- Groupe hydrologique B : Sols ayant des vitesses d'infiltration moyennes lorsqu'ils sont totalement mouillés. Ce sont de sols moyennement profonds à profonds, modérément drainés à bien drainés, et ayant une texture modérément fine à modérément grossière. Leurs vitesses de transmission d'eau sont moyennes.

- Groupe hydrologique C : Sols ayant des vitesses d'infiltration faibles quand ils sont totalement mouillés. Ils se composent essentiellement de sols formés par des couches imperméables, ou dont la texture est moyennement fine à fine. Leurs vitesses de transmission d'eau sont faibles.

- Groupe hydrologique D : Sols ayant des vitesses d'infiltration très faibles quand ils sont totalement mouillés. Ce sont essentiellement les sols formés d'argile gonflante, les sols ayant des couches argileuses superficielles ou de sub-surface, et les sols peu profonds situés en dessus de matériaux imperméables. Leurs vitesses de transmission d'eau sont très faibles.

Le terme P inclut dans le cas de la nappe de Ras Jebel, la pluviométrie annuelle qui varie de 495 à 632 mm selon les zones de la nappe (fig. 4), et la quantité annuelle d'eau provenant de l'irrigation. L'eau d'irrigation possède deux origines : les puits, avec un volume annuel moyen de 1.5 million de m^3, soit l'équivalent de 43 mm/an dans la totalité de la superficie de la nappe, et l'Oued Mejerda situé en dehors du bassin versant, dont l'eau est conduite à travers des canalisations spéciales vers le périmètre irrigué de Ras Jebel dont la superficie est d'environ 22 km^2 (fig. 16). Le volume d'eau annuel moyen véhiculé est d'environ 2.5 million m^3, soit l'équivalent de 112 mm.

La carte des groupes hydrologiques de la zone d'étude a été élaborée en utilisant les données pédologiques extraites à partir des sources bibliographiques suivantes :
- La carte pédologique au 1/12.500 de Beni Ata, Ras Jebel et Raf Raf (Mansour, 1988). Cette carte couvre une grande partie de la superficie de la nappe.
- La carte pédologique au 1/25.000 de la zone de Beni Ata et de Chaâb Ed-Doud (Fournet et Mouri, 1990).

Fig. 15 : Périmètre irrigué de Ras Jebel

- Les comptes rendus d'expertises pédologiques effectuées dans la zone d'étude par les services du CRDA de Bizerte (1997, 1998, 1999, 2000).

Les trois types de groupes hydrologiques reconnus dans la zone d'étude sont les suivants (fig. 17) :
- le groupe hydrologique B : sols sableux, sols gréseux forestiers, et sols sablo-limoneux.
- le groupe hydrologique C : sols limono-sableux, sols sablo-argileux, sols argilo-sableux et encroûtements nodulaires.
- le groupe hydrologique D : sols hydromorphes argileux et sols de périmètres urbains.

La recharge nette calculée avec la méthode de Williams et Kissel varie de 38 à 112 mm et est classée en 3 classes selon la méthode DRASTIC (fig. 18).

I-2-3- Calcul de la recharge nette selon la méthode de Rao

La méthode de Rao (1970) a été appliquée en Inde dans les régions aux conditions climatiques homogènes et limitées. Dans cette méthode, qui ne tient pas compte de la vitesse d'infiltration d'eau dans les sols, la recharge nette est calculée avec des équations empiriques adaptées à une pluviométrie et une irrigation données :
- de 400 à 600 mm → R = 0.20 (P - 400).
- de 600 à 1000 mm → R = 0.25 (P - 400).
- plus de 1000 mm → R = 0.35 (P - 600).

P exprime la pluviométrie et l'irrigation annuelles. R et P sont exprimés en mm. Les valeurs de P dans la présente étude appartiennent à la 2ème classe climatique (P entre 600 et 1000 mm). Ainsi, l'équation utilisée dans le calcul de R est : R = 0.25 (P - 400). La recharge nette prend ainsi des valeurs comprises entre 61 et 108 mm et est classée donc en deux classes selon la méthode DRASTIC (fig. 19).

I-2-4- Discussion des méthodes de calcul de recharge nette utilisées

La recharge nette calculée est différente entre les trois méthodes utilisées : de 48 à 178 mm dans la méthode de la balance hydrique, de 38 à 112 mm dans la méthode de Williams et Kissel, et de 61 à 108 mm dans la méthode de Rao. La différence est plus importante entre la première méthode et les deux dernières.

La non disponibilité de certaines données, telles que celles de l'humidité du sol et celles relatives au volume du réservoir sol, représente l'handicap essentiel pour l'application de la méthode de la balance hydrique dans notre site d'étude. C'est pour cette raison que nous avons adopté la méthode de Williams et Kissel pour l'évaluation de la recharge nette. Cette méthode, qui prend en considération deux facteurs, la pluviométrie et l'irrigation d'une part et la vitesse d'infiltration d'eau dans les sols d'autre part, a été

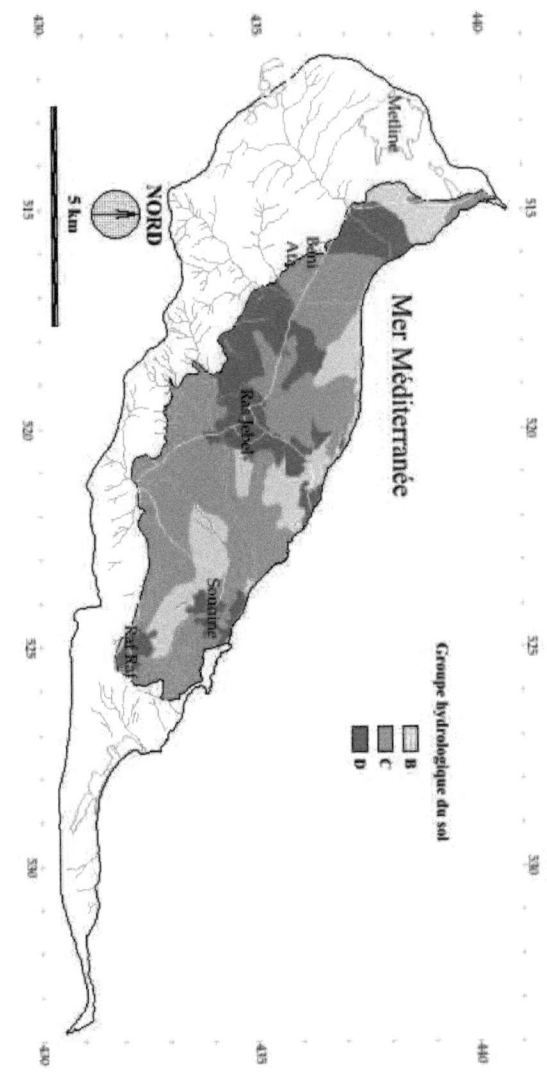

Fig. 16 : Carte des groupes hydrologiques des sols de la région de Ras Jebel

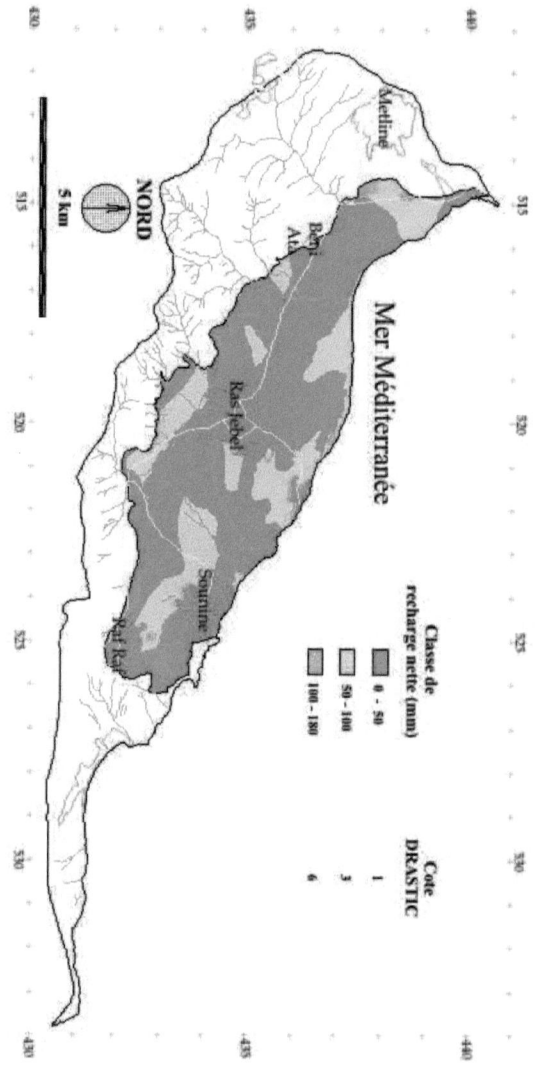

Fig. 17 : Carte DRASTIC de la recharge nette de la nappe de Ras Jebel (méthode de Williams et Kissel)

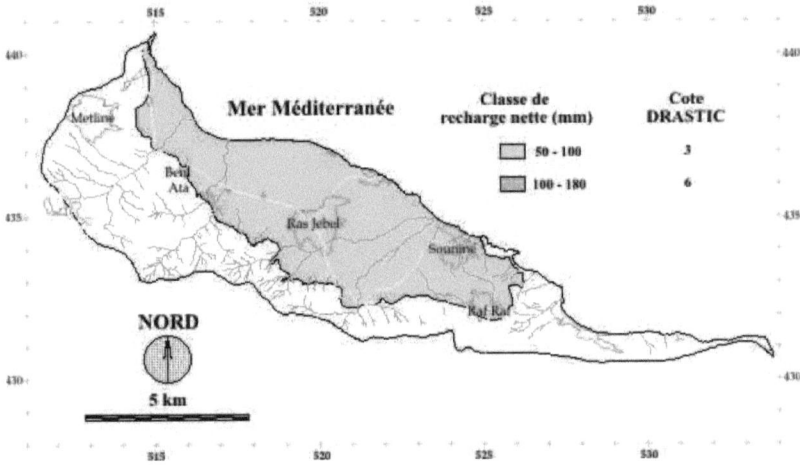

Fig. 18 : Carte DRASTIC de la recharge nette de la nappe de Ras Jebel, (méthode de Rao) appliquée et vérifiée dans plusieurs régions semi-arides aux États Unis (Engel et al., 1996). Toutefois, la méthode de Rao peut être adoptée dans le cas où les données pédologiques sont sommaires, et c'est d'ailleurs le cas d'une grande partie du territoire tunisien où les sols sont étudiés à l'échelle 1/200.000.

I-3- Carte lithologique de l'aquifère

La lithologie de l'aquifère a été déterminée en utilisant d'une part les deux corrélations lithostratigraphiques établies entre 9 forages de la zone d'étude: forges M1, M2, M3bis, M4, M5, M6, M7, M8 et M9 (fig. 20, 21 et 22), et d'autre part à partir des valeurs de conductivité hydraulique de l'aquifère calculées à partir des données de transmissivité et de l'épaisseur de l'aquifère de Ras Jebel disponibles dans la littérature (Ennabli, 1969) qui nous ont permis d'estimer la nature lithologique de l'aquifère, et ceci en se référant aux travaux de Rodrìguez et al. (2001) : le tableau 32 montre les valeurs de conductivité hydraulique relatives à plus de 80 entités lithologiques différentes. Par ailleurs, les données de l'épaisseur et de l'étendue de la zone saturée, ont été réactualisées en fonction de la baisse actuelle du niveau de la nappe et ceci en comparant les données de profondeur du plan d'eau de 1969 avec celles de 2002.

Quatre classes DRASTIC de la lithologie de l'aquifère ont été extraites et à chacune d'elles nous avons attribué une cote variant de 4 à 8 (fig. 23). Les différents traitements sur les logiciels des SIG Arc/Info et Idrisi qui ont aboutit à l'établissement de

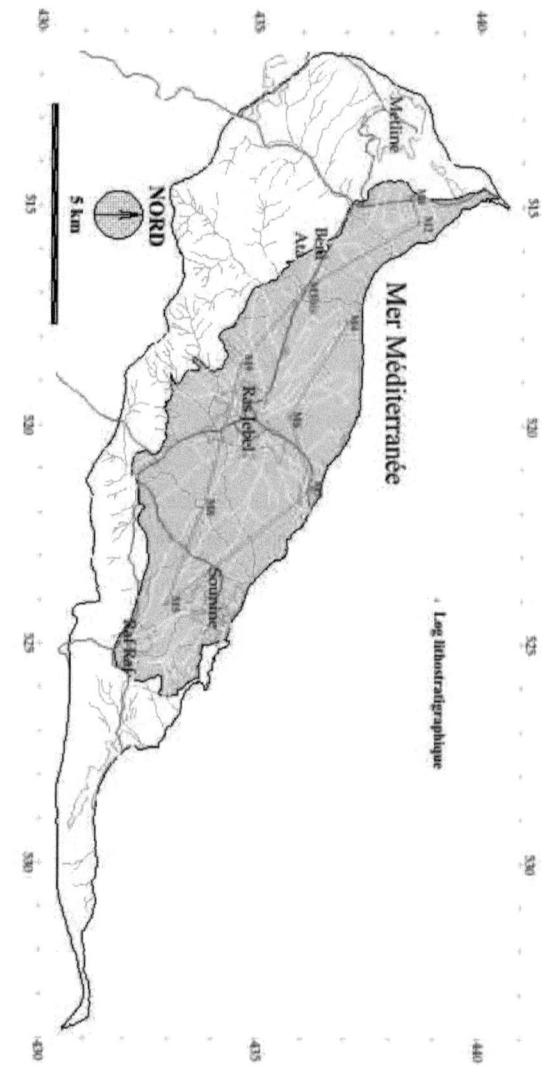

Fig. 19 : Carte montrant les corrélations stratigraphiques établies entre les forges M1, M2, M3bis, M4, M5, M6, M7, M8 et M9

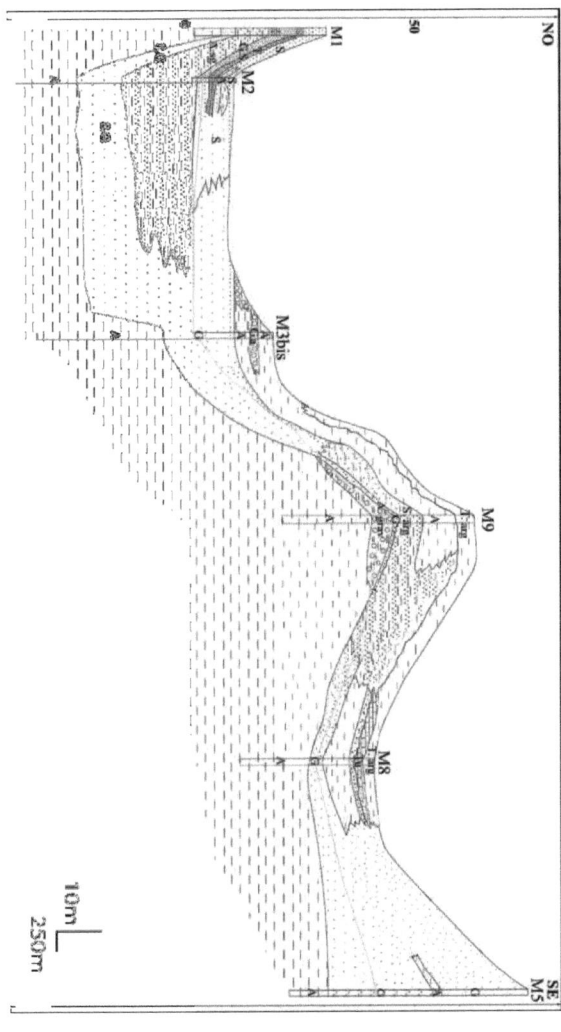

Fig. 20 : Corrélation lithostratigraphique de direction NO/SE entre les logs M1, M2, M3bis, M9, M8 et M5, montrant l'étendue et la lithologie de la zone vadose et de la zone saturée à ce niveau de la nappe de Ras Jebel

A : argile, **A. sg** : Argile sablo-gréseuse, **S** : Sable, **G/S** : Alternances de grès et de sable, **S.G** : Sable et grès, **G** : Grès, **Ga** : Galet avec peu d'argile, **T. arg** : Terre argileuse, **Tu** : Tuf, **S. arg** : Sable argileux, **A. grav** : Argile avec gravillons.
- • : Mesure de résistivité électrique (Ohm.m)

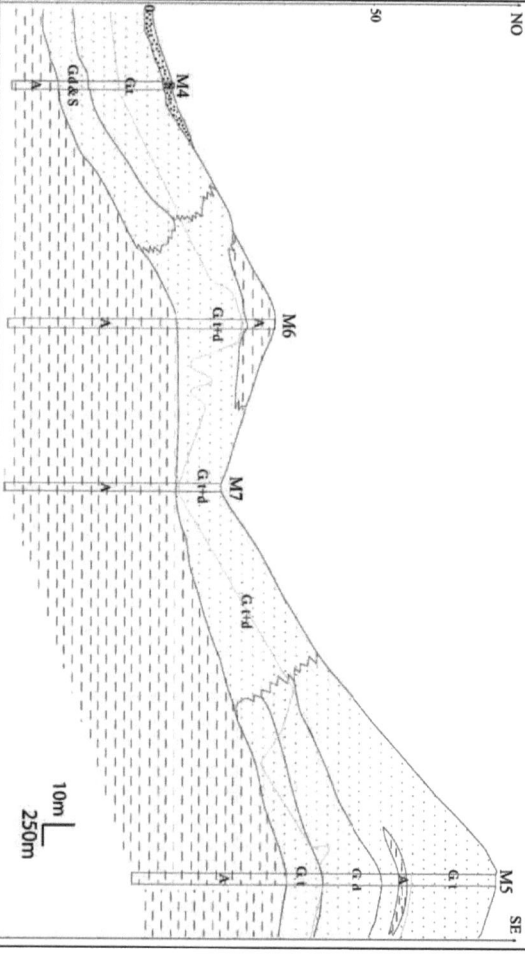

Fig. 21 : Corrélation lithostratigraphique de direction NO/SE entre les logs M4, M6, M7 et M5, montrant l'étendue et la lithologie de la zone vadose et de la zone saturée à ce niveau de la nappe de Ras Jebel

A : argile, **G. t** : Grès tendre, **G. d & S**: Grès dur avec sable, **G. t+d** : Grès dur et grès tendre, **G. t** : Grès tendre, **G. d** : Grès dur.
• : Mesure de résistivité électrique (Ohm.m)

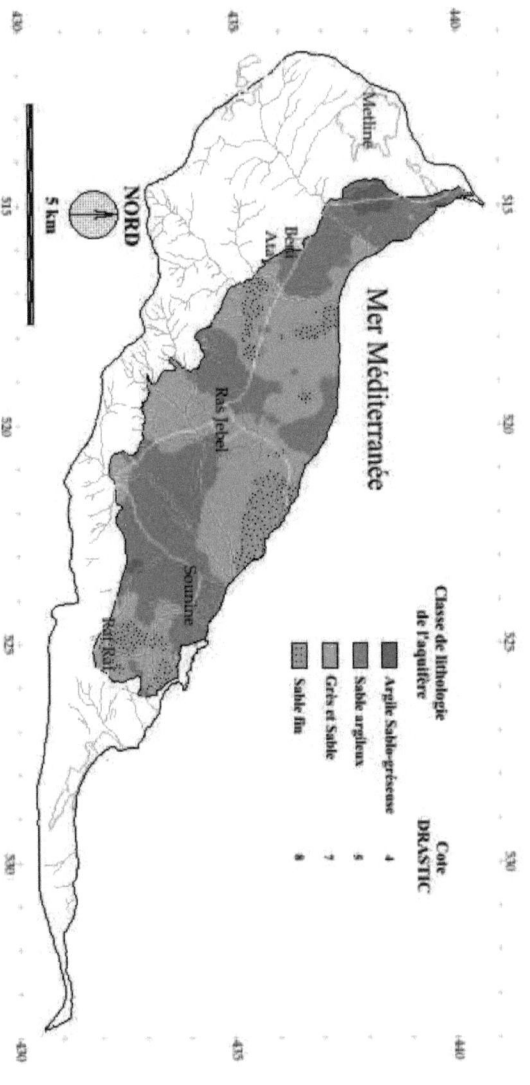

Fig. 22 : Carte lithologique de l'aquifère de la nappe de Ras Jebel (méthode DRASTIC)

Tab. 31 : Valeurs de conductivité hydraulique pour différentes classes lithologiques de l'aquifère (Rodrìguez et al., 2001)

Lithologie de l'aquifère	Conductivité hydraulique (m/sec)
Alluvions formées de sable argileux	1,00E-04
Alluvions formées de sable et d'argile (50 %, 50 %)	1,00E-05
Andésite peu compacte	1,00E-05
Argile	1,40E-09
Argile sableuse	5,10E-06
Argile sableuse avec gravier (gravier < 25%)	2,00E-06
Argile et gravier	2,00E-05
Argile plastique	1,00E-08
Sable	2,10E-04
Sable argileux	5,00E-05
Sable fin à moyen	1,00E-03
Sable élitique	1,00E-04
Sable fin	6,00E-04
Sable fin provenant de roches acides avec argile	1,00E-05
Sable fin provenant de roches acides	1,00E-04
Sable fin avec argile (argile < 30 %)	1,00E-05
Sable grossier	1,00E-03
Sable grossier avec un peu de gravier rhyolitique	1,00E-04
Sable moyen	1,00E-04
Sable moyen et grossier	8,00E-04
Sable basaltique	1,00E-03
Sable fin à moyen avec argile (30 % d'argile)	8,00E-05
Sable argileux avec du basalte détritique (avec 40 % d'argile)	1,00E-04
Sable avec gravier argileux	1,00E-04
Sable et gravier fin	1,00E-03
Sable et gravier avec de l'argile (10 % d'argile)	1,00E-03
Basalte faiblement fracturé	1,00E-06
Gravier fluvial arrondi	2,00E-05
Gravier arrondi fluvial rhyolitique	2,00E-05
Gravier fluvial arrondi avec du sable et de l'argile (10 à 20 % d'argile)	1,00E-05
Gravier fluvial arrondi avec matériaux détritiques, sable et argile	1,40E-04
Calcaire argileux	1,00E-07
Sable et matériaux clastiques avec de l'argile	1,00E-04
Matériaux clastiques empaquetés dans de l'argile et du sable	1,00E-05
Matériaux clastiques et gravier empaquetés dans du sable argileux	1,00E-05
Matériaux clastiques et gravier fin empaquetés dans un mélange d'argile et de sable (10 à 20 % de sable)	1,00E-05
Conglomérats	1,40E-04
Conglomérats calcaires	1,00E-04

Gravier sableux	3,20E-04
Gravier grossier	1,00E-04
Gravier	1,40E-03
Gravier avec argile (20 % d'argile)	1,00E-05
Gravier avec gravier fin	1,40E-04
Gravier et gravier fin empaquetés dans de l'argile (20 % d'argile)	1,00E-05
Gravier et gravier fin empaquetés dans de l'argile (10 % d'argile)	1,00E-04
Gravier et gravier fin empaquetés dans du sable fin à moyen	1,00E-05
Gravier fin avec peu d'argile (10 à 15 %)	1,00E-04
Gravier fin avec du sable grossier	1,00E-03
Gravier fin et sable grossier avec 20 % d'argile	1,00E-04
Ignimbrite peu fracturée	2,20E-04
Ignimbrite fracturée	1,00E-03
Marne	7,00E-06
Argile avec un peu de gravier	1,00E-04
Rhyolite	1,40E-05
Rhyolite altérée	1,00E-04
Rhyolite détritique avec du sable fin	1,00E-04
Rhyolite fragmentée	1,00E-03
Rhyolite faiblement altérée	1,00E-06
Matériaux clastiques et argile	1,00E-05
Basalt fracturé	1,00E-04
Roche volcanique acide altérée et fracturée	1,00E-02
Conglomérats fins	1,00E-04
Roche volcanique acide compacte	1,00E-07
Calcaire résiduel	1,00E-06
Tuff volcanique sableux (70 % de sable) avec du calcaire résiduel	1,00E-04
Tuff	3,40E-05
Tuff argilo-sableux	2,00E-05
Tuff, calcaire résiduel et argile	1,00E-05
Tuff argileux volcanique (60 à 70 % d'argile)	1,00E-05
Tuff volcanique avec du calcaire résiduel	1,00E-06
Tuff volcanique fin avec carbonate de calcium	3,50E-05
Tuff volcanique fin avec argile et carbonate de calcium	3,50E-05
Tuff volcanique fin	3,50E-05
Tuff volcanique fin (60 % d'argile)	1,50E-05
Tuff volcanique fin (50 % d'argile)	1,00E-05
Tuff volcanique fin (35 % d'argile)	3,50E-05
Tuff volcanique avec de l'argile (20 % d'argile)	3,50E-05
Tuff volcanique avec du gravier basaltique	1,00E-04
Tuff et argile	1,00E-05
Tuff, argile et calcaire résiduel	1,00E-05
Travertin	1,00E-06

cette carte sont résumés au niveau de l'annexe I.

I-4- Carte pédologique

Les données pédologiques de la zone d'étude ont été extraites à partir de trois sources bibliographiques différentes :

- La carte pédologique au 1/12.500 de Beni Ata, Ras Jebel et Raf Raf établie par Mansour (1988). L'auteur a analysé une trentaine de profils pédologiques, dont quinze ont été considérés comme profils caractéristiques : les profils 7 bis, 9, 11, 12, 13, 21 bis, 36, 37, 39, 40, 44, 60, 61, 65 et 66. Les informations recueillies sur la capacités de drainage des sols a permis de les classer en trois classes : une première à drainage facile, une deuxième présentant certaines difficultés de drainage et une troisième classe à drainage difficile.

- La carte pédologique au 1/25.000 de Beni Ata et de Chaâb Ed-Doud (Fournet et Mouri, 1990) établie lors d'une étude de reconnaissance pédologique des futurs périmètres d'irrigation de cette région.

- Les comptes rendus d'expertises pédologiques effectués dans la zone d'étude par l'arrondissement des sols du CRDA de Bizerte (1997, 1998, 1999, 2000). Ces comptes rendus sont au nombre de 18, leurs codes d'expertise sont les suivants : BZRDJ 07/97, BZRDJ 12/97, BZRDJ 14/97, BZRDJ 24/97, BZRDJ 26/97, BZRDJ 02/98, BZRDJ 04/99, BZRDJ 09/98, BZRDJ 11/99, BZRDJ 19/99, BZRDJ 02/00, BZRDJ 04/00, BZRDJ 05/00, BZRDJ 06/00, BZRDJ 07/00, BZRDJ 25/00, BZRDJ 29/00 et BZRDJ 43/00.

Ainsi, l'ensemble des informations recueillies a permis d'obtenir la carte pédologique de la nappe de Ras Jebel (fig. 24). Cette carte montre les classes des sols suivantes : Les sols des périmètres urbains et ruraux, les sols hydromorphes argileux, les encroûtements nodulaires, les sols argilo-sableux, les sols sablo-argileux, les sols limono-sableux, les sols sablo-limoneux, les sols gréseux forestiers et les sols sableux. Ces données ont été utilisées pour dresser la carte pédologique DRASTIC (fig.25).

On remarque que certaines classes pédologiques identifiées ne coïncident pas avec les classes proposées par la méthode DRASTIC. Ces classes sont les suivantes : les sols hydromorphes argileux, les sols de périmètres urbains et les encroûtements nodulaires. Dans ce cas, nous avons attribué aux sols hydromorphes argileux une cote égale à 2, vu que dans la classification DRASTIC une cote de 1 à 2 est attribuée à la classe argile. Une cote égale à 1 a été attribuée à la classe des sols de périmètres urbains caractérisée par un taux infiltration très faible. Enfin une cote de 3 a été attribuée à la classe des encroûtements nodulaires. Pour le reste des classes pédologiques présentes dans notre zone d'étude, elles sont exactement

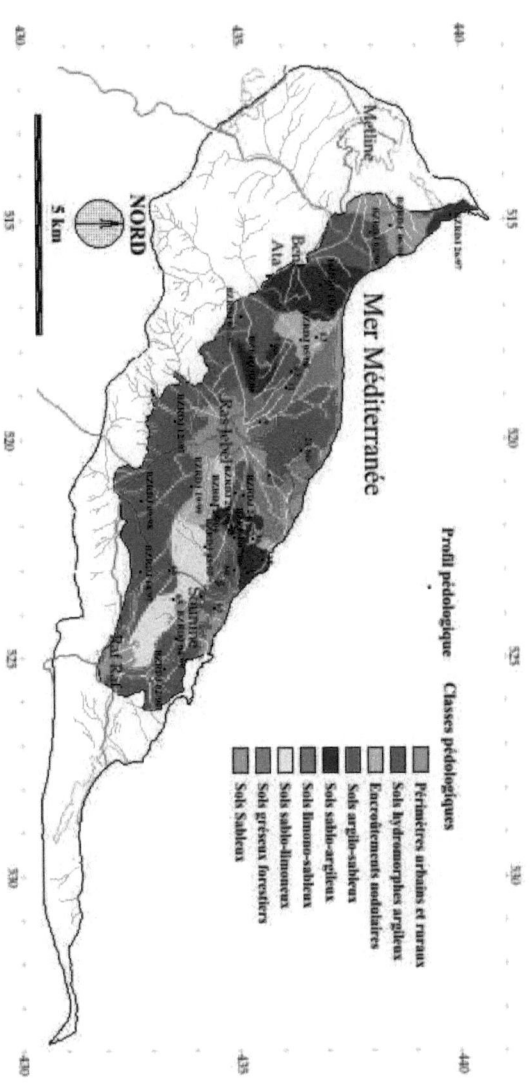

Fig. 23 : Carte pédologique de la région de Ras Jebel

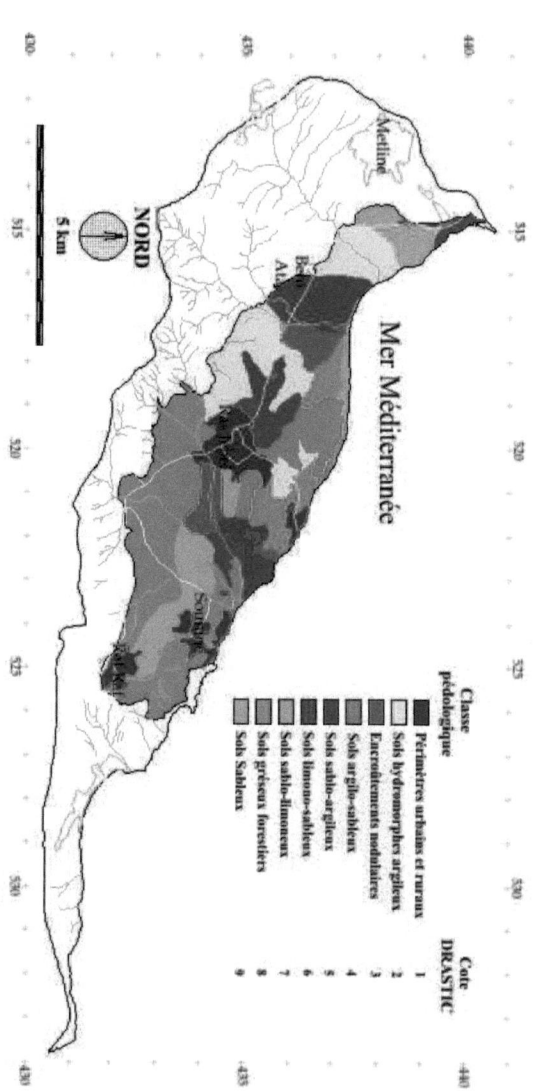

Fig. 24 : Carte pédologique de la région de Ras Jebel (classification DRASTIC)

conformes aux classes proposées par la méthode DRASTIC et par conséquent les cotes correspondantes leur ont été directement attribuées. Les différents traitements sur les logiciels des SIG Arc/Info et Idrisi qui ont aboutit à l'établissement de cette carte sont résumés au niveau de l'annexe I.

I-5- Carte des pentes

La carte des pentes de la nappe de Ras Jebel a été établie suite à une série de traitements sur les logiciels ARC/Info et Idrisi (voir annexe I) à partir de la carte topographique de la Tunisie à l'échelle 1/25.000. Les feuilles utilisées sont celles de Metline S.O., de Metline S.E., de Ghar El Melh N.O., et de Ghar El Melh N.E. (OTC, 1981). Elle montre que la majeure partie de la nappe est occupée par des pentes faibles allant 0 à 6 % (fig. 26).

I-6- Carte lithologique de la zone vadose

Les données relatives à l'établissement de la lithologie de la zone vadose ont été extraites à partir des études géologiques surface intéressant la région d'étude (Burollet, 1951 ; El Ghali et Ben Ayed, 2000). Ces études ont été complétées par les deux corrélations lithostratigraphiques que nous avons établi entre 9 forages de la zone d'étude (fig. 20, 21 et 22), ainsi que par l'analyse d'une dizaine de sondages électriques effectués par la société de prospection hydrogéologique "Hydro-Services" (Azzouz, 1995, 1997 et 1998).

La carte lithologique de la zone vadose (fig. 27) est représentée par 15 entités lithologiques différentes. Ces dernières sont divisées en 4 classes, en s'inspirant de la méthode DRASTIC, dont les cotes varient entre 3 et 7 (fig. 28). Certaines classes lithologiques de la zone vadose ne sont pas conformes à celles de la méthode DRASTIC, dans ce cas, une cote est estimée pour chaque classe. A titre d'exemple, et vu que la cote des "sables et graviers" est égale à 8, et celle des "grès" est 6 dans la méthode DRASTIC, pour une lithologie intermédiaire "sablo-gréseuse", qui ne figure pas dans la liste des classes de matériaux de la zone non saturée de la méthode DRASTIC, nous avons attribué une cote de 7. Les différents traitements sur les logiciels des SIG Arc/Info et Idrisi ayant abouti à l'établissement de cette carte sont résumés au niveau de l'annexe I.

I-7- Carte de conductivité hydraulique de l'aquifère

La conductivité hydraulique de l'aquifère est calculée avec les données de transmissivité et celles de l'épaisseur de l'aquifère extraites de la carte des épaisseurs du recouvrement quaternaires (Ennabli, 1969). La formule utilisée est $k = T/b$; avec k la conductivité hydraulique de l'aquifère (exprimée en m/j), T la transmissivité (exprimée en m^2/j),

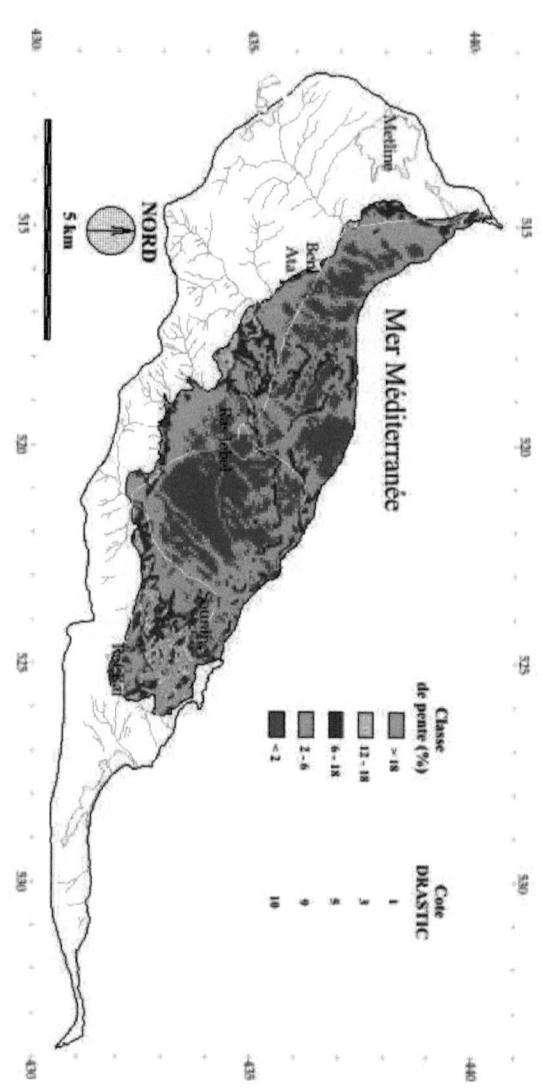

Fig. 25 : Carte des pentes de la région de Ras Jebel (méthode DRASTIC)

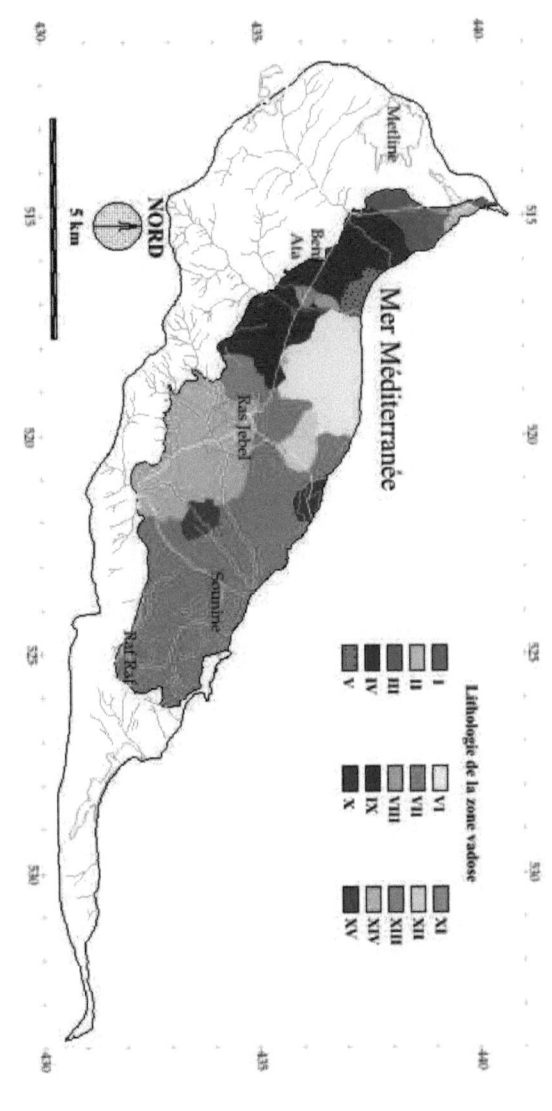

I : Grès dur ; **II** : Argile sableuse avec quelques intercalations de grès ; **III** : Alternances de sable, de grès et de tuf ;
IV : Alternances de sable et de grès tendre (sable > grès tendre) ; **V** : Alternances de sable et de grès tendre (grès tendre > sable) ;
VI : Alternances de sable, de grès tendre et de grès dur (grès tendre > grès dur et sable) ;
VII : Alternances de grès tendre et de grès dur ; **VIII** : Argile ; **IX** : Argile sableuse ; **X** : Alternances de grès tendre, de grès dur et de sable (grès tendre et grès dur > sable) ;
XI : Alternances d'argile, de galets et de grès (argile >> galets et grès) ; **XII** : Alternances d'argile et de sable argileux (argile > sable argileux) ;
XIII : Alternances d'argile, d'argile à gravillons et de sable argileux (argile > argile à gravillons et sable argileux) ; **XIV** : Alternances d'argile et de sable (argile > sable) ;
XV : Alternances d'argile, de tuf et d'argile à gravillons (argile > tuf et argile à gravillons).

Fig. 26 : Carte lithologique de la zone vadose de la nappe de Ras Jebel

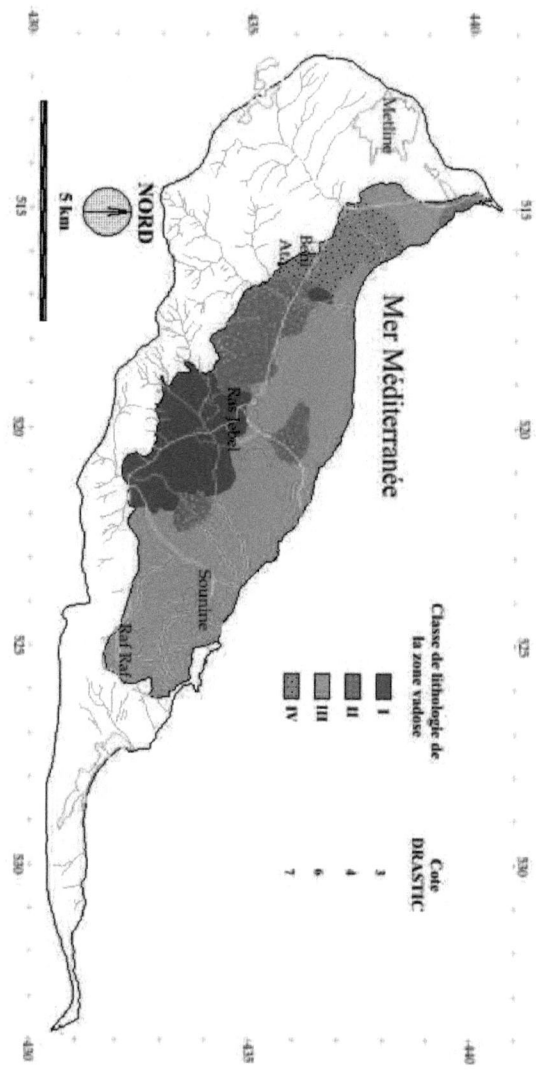

Fig. 27 : Carte lithologique de la zone vadose de la nappe de Ras Jebel (méthode DRASTIC)

I : Argile ; Alternances d'argile et de sable (argile >> sable).
II : Argile sableuse ; Argile sableuse avec quelques intercalations de grès ; Alternances d'argile et de sable argileux (argile > sable argileux) ; Alternances d'argile, de tuf et d'argile à gravillons (argile > tuf et argile à gravillons) ; Alternances d'argile, de galets et de grès (argile >> galets et grès) ; Alternances d'argile, d'argile à gravillons et de sable argileux (argile > argile à gravillons et sable argileux).
III : Alternances de sable et de grès tendre (grès tendre > sable) ; Alternances de sable, de grès tendre et de grès dur (grès tendre > grès dur et sable) ; Grès dur ; Alternances de sable, de grès et de tuf ; Alternances de grès tendre et de grès dur ; Alternances de grès tendre, de grès dur et de sable (grès tendre et grès dur > sable).
IV : Alternances de sable et de grès tendre (sable > grès tendre).

et b l'épaisseur de l'aquifère (exprimée en m).

A la suite de traitements avec les logiciels ARC/Info et Idrisi (voir annexe I), une carte a été établie en respectant la classification de conductivité hydraulique dans la méthode DRASTIC. Six classes de conductivité hydraulique ont été identifiées dans cette carte (fig. 29).

II- Vulnérabilité déterminée par la méthode DRASTIC standard

La carte finale de vulnérabilité intrinsèque DRASTIC standard de la nappe de Ras Jebel (fig. 30), relative à la pollution inorganique, a été obtenue d'abord en multipliant la carte relative à chaque paramètre (carte à cotes) par la valeur de son poids correspondant (tab. 9), ensuite en faisant la somme des sept cartes paramétriques obtenues on a pu obtenir la carte des indices de vulnérabilité V (V étant égal à la somme des produits du poids de chaque paramètre par la valeur de sa cote), laquelle a été enfin classée en degrés ou classes de vulnérabilité selon les degrés proposés par la méthode DRASTIC selon le tableau 10 (voir les techniques des SIG utilisées pour la préparation de cette carte au niveau de l'annexe I).

La carte DRASTIC standard à l'échelle 1/50.000, montre que les terrains étudiés sont caractérisés par des vulnérabilités différentes.

Les terrains à faible vulnérabilité couvrent 45 % de la superficie totale de la nappe et sont localisés comme suit :
- La zone côtière située au Nord Est de la ville de Metline;
- La zone étendue située dans la partie Sud de la nappe entre l'Oued Beni Ata et la limite Ouest de la ville de Raf Raf;
- Une zone limitée au Nord de la ville de Ras Jebel;
- La zone couvrant le village de Sounine ainsi que ses limites côtières Nord et ses limites Est;
- La zone couvrant la partie Nord Est de la ville de Raf Raf.

Les terrains à vulnérabilité moyenne couvrent 49 % de la superficie totale de la nappe, et s'étendent sur les zones suivantes :
- La zone de Ghdir El Ain qui est une petite zone côtière localisée au Nord Est de la ville de Metline;
- La zone agricole située à l'Est de la ville de Metline;
- La zone agricole de Bhirett Beni Ata située au Sud Est de la ville de Metline et au Nord du village de Beni Ata;
- Les zones agricoles situées au Nord, au Nord Ouest et à l'Est de la ville de Ras Jebel.
- La zone couvrant la ville de Raf Raf ainsi que ses limites Nord.

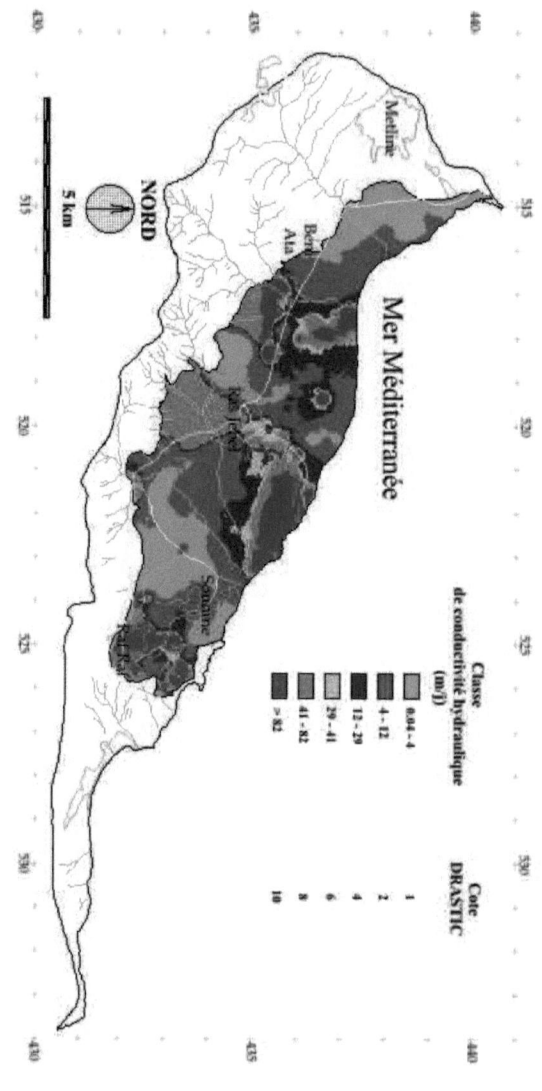

Fig. 28 : Carte de conductivité hydraulique de l'aquifère de la nappe de Ras Jebel (méthode DRASTIC)

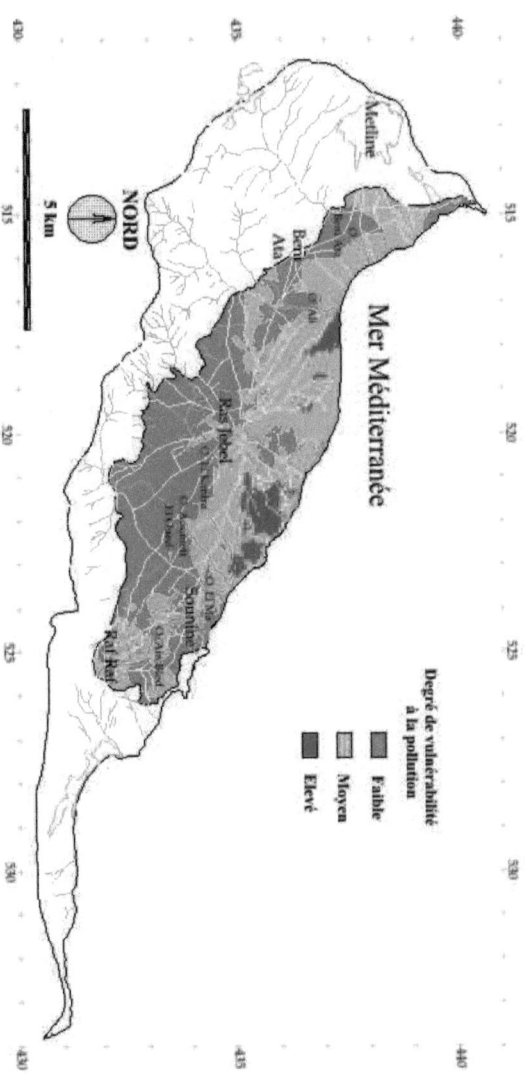

Fig. 29 : Carte de vulnérabilité DRASTIC standard de la nappe de Ras Jebel

Enfin, les terrains à vulnérabilité élevée ne couvrent que 6 % de la superficie de la nappe, et s'étendent essentiellement dans :
- Les zones situées entre les terrains agricoles d'El Houarech et de Gouz El Gharmoul (Nord Est de la ville de Ras Jebel).
- La zone agricole d'El Hdouba (Nord Ouest de la ville de Ras Jebel).

Nous retenons que les facteurs déterminants de la vulnérabilité DRASTIC standard dans la nappe de Ras Jebel sont les suivants : la profondeur du plan d'eau, la lithologie de la zone vadose, la lithologie de l'aquifère et sa conductivité hydraulique. En effet, les zones à haute vulnérabilité sont généralement caractérisées par une faible profondeur du plan d'eau (généralement comprise entre 1.5 et 9 m), par une zone vadose et une zone saturée formées par du grès et du sable et par une conductivité hydraulique de l'aquifère supérieure à 41 m/j.

III- Vulnérabilité déterminée par la méthode DRASTIC pesticides

L'élaboration de la carte finale de vulnérabilité intrinsèque DRASTIC pesticides a été accomplie de la même façon que pour la méthode DRASTIC standard, sauf que les poids attribués à certains paramètres ont été modifiés (tab. 9).

La carte DRASTIC pesticides (fig. 31) montre l'existence de trois classes ou degrés de vulnérabilité à la pollution : faible, moyen et élevé.

Les terrains à faible vulnérabilité à la pollution ne couvrent que 19 % de la superficie totale de la nappe. Ils s'étendent dans certaines régions localisées à l'Est de la ville de Metline, au Nord de la ville de Ras Jebel, au Nord de la ville de Raf Raf et au Nord du village de Sounine. Ces zones sont plus étendues à l'Ouest de la ville de Ras Jebel, et dans les zones agricoles localisées entre la ville de Ras Jebel et la ville de Raf Raf.

Les terrains à vulnérabilité élevée couvrent 24 % de la superficie totale de la nappe, et s'étendent dans les zones suivantes :
- La zone agricole située à l'Est de la ville de Metline;
- La zone côtière de Chatt Mèmi (région de Metline);
- La zone agricole d'El Hdouba et d'El Masket (région de Ras Jebel);
- Les zones agricoles d'El Houarech, de Gouz El Gharmoul, localisées au Nord Ouest de la ville de Ras Jebel;
- Les zones agricoles de Dh'har El Fahs et Dh'har Ennakaâ localisées à l'Ouest de la ville de Ras Jebel.

Enfin, les terrains à vulnérabilité moyenne couvrent le reste de la superficie de la nappe, soit 57 %.

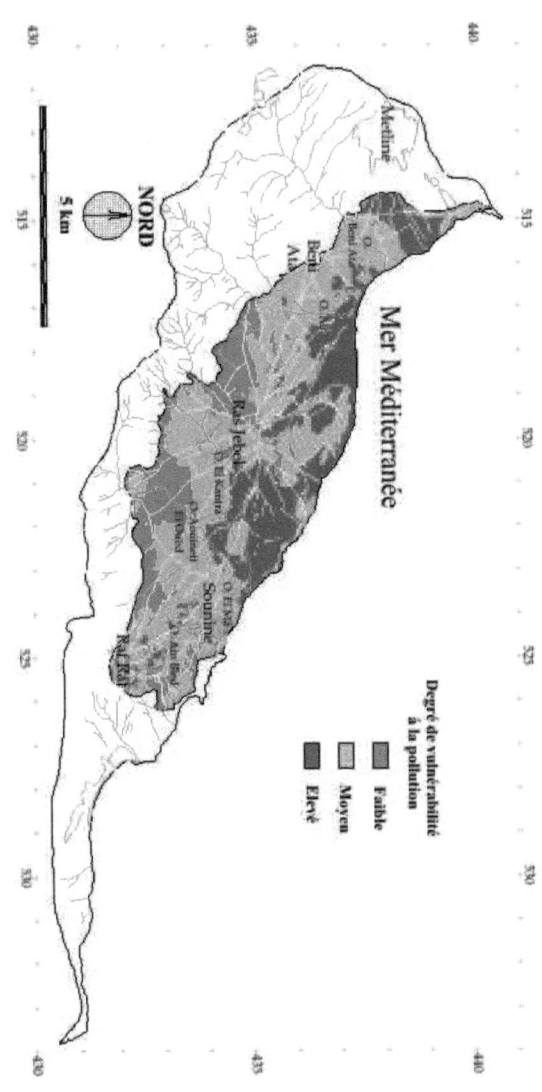

Fig. 30 : Carte de vulnérabilité DRASTIC pesticides de la nappe de Ras Jebel

Deuxième Partie - Chapitre II (Application de la méthode DRASTIC à la nappe de Ras Jebel)

Les facteurs déterminants de la vulnérabilité DRASTIC pesticides dans la nappe de Ras Jebel sont les suivants : la profondeur du plan d'eau, la lithologie de la zone vadose, les sols, la lithologie de l'aquifère, et la pente. En effet, les zones à haute vulnérabilité sont généralement caractérisées par une faible profondeur du plan d'eau (comprise entre 1.5 et 9 m), par des sols sablo-limoneux, gréseux ou sableux, par une zone vadose et une zone saturée formées de sable et de grès et par une pente inférieure à 2 %.

Nous retenons que la différence des résultas entre les deux cartes de vulnérabilité DRASTIC standard et DRASTIC pesticides découle de la différence de pondération adoptée dans ces deux versions, et qui intéresse essentiellement les paramètres sols, pente, matériaux de la zone vadose et conductivité hydraulique de l'aquifère. Cette différence de pondération s'explique par la différence du comportement chimique des contaminants considérés : les polluants inorganiques dans le cas de la version standard, et les pesticides dans la version pesticides, et qui impose l'attribution de poids différents à certains paramètres.

Deuxième Partie
Troisième Chapitre

Application de la méthode SINTACS à la nappe de Ras Jebel

Application de la méthode SINTACS à la nappe de Ras Jebel

I- Elaboration des cartes paramétriques SINTACS

I-1- Carte de la profondeur du plan d'eau

Pour établir cette carte, on s'est servi des mêmes données et des mêmes techniques utilisées lors de l'établissement de la carte de la profondeur du plan d'eau DRASTIC (voir annexe I). La carte établie a été classée en 6 classes de profondeur du plan d'eau en se basant sur la classification spécifique de la méthode SINTACS (tab.14). Les cotes correspondantes à ces classes varient de 2 à 7 (fig. 31).

I-2- Carte de la recharge efficace de l'aquifère

La recharge efficace de l'aquifère a été calculée en appliquant l'équation d'England (1973) adoptée par la méthode SINTACS (Civita, 1994) : $I = P.\chi$ (mm/an) où I est la recharge efficace annuelle de l'aquifère (mm), P est la quantité d'eau issue de la pluviométrie et de l'irrigation (si cette dernière existe) annuelles (mm), et χ (noté également C.I.P) est le coefficient d'infiltration potentielle (coefficient qui dépend de la nature du sol). Cette équation est utilisée dans le cas où l'épaisseur du sol dépasse 0.5 m, ce qui est le cas pour l'ensemble des sols existants dans la présente zone d'étude.

La carte de pluviométrie annuelle de la région d'étude utilisée montre des valeurs variant entre 495 et 632 mm (fig. 4). La quantité d'eau provenant de l'irrigation a été également considérée dans le calcul de la recharge efficace : 43 mm/an provenant de l'irrigation à partir des puits dans l'ensemble de la superficie de la nappe, et 112 mm provenant de l'irrigation à partir de l'Oued Mejerda dans le périmètre irrigué de Ras Jebel.

Quant à la carte des coefficients d'infiltration potentielle (fig. 32), elle a été établie en attribuant une valeur du coefficient d'infiltration potentielle à chaque type de sol, et ceci en se basant sur la carte pédologique de la zone d'étude (fig. 23) ainsi que sur le tableau 16 qui donne les valeurs de χ attribuées à différents types texturaux de sols épais (épaisseur > à 0.5 m) (England, 1973).

La carte de recharge efficace établie suite à un ensemble de traitements sur ARC/Info et Idrisi (voir annexe I) montre des valeurs variant de 1 à 235.7 mm, sachant que les valeurs élevées de recharge efficace (allant de 164.2 à 235.7 mm) n'occupent que 5 % de la surface totale de la nappe. Cette carte a été classée en huit classes en suivant la classification SINTACS (tab.17 et fig. 33).

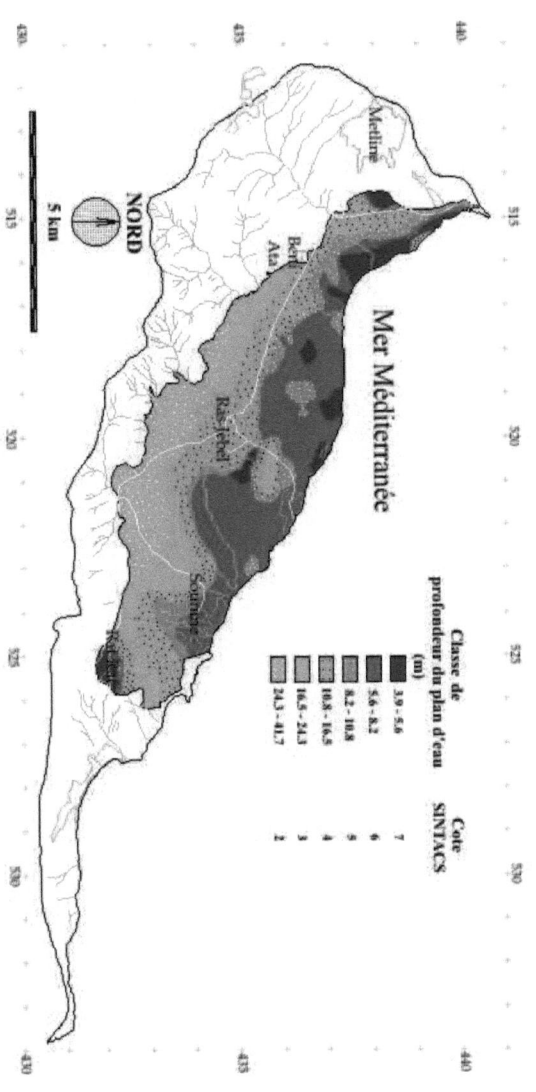

Fig. 31 : Carte de la profondeur du plan d'eau de la nappe de Ras Jebel (méthode SINTACS)

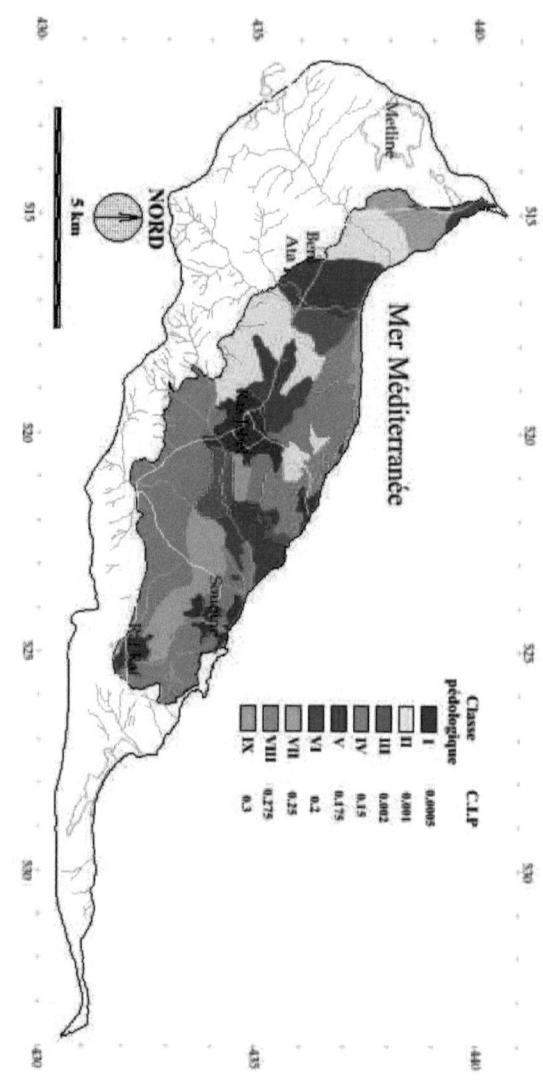

Fig. 32 : Carte des coefficients d'infiltration potentielle χ de la nappe de Ras Jebel

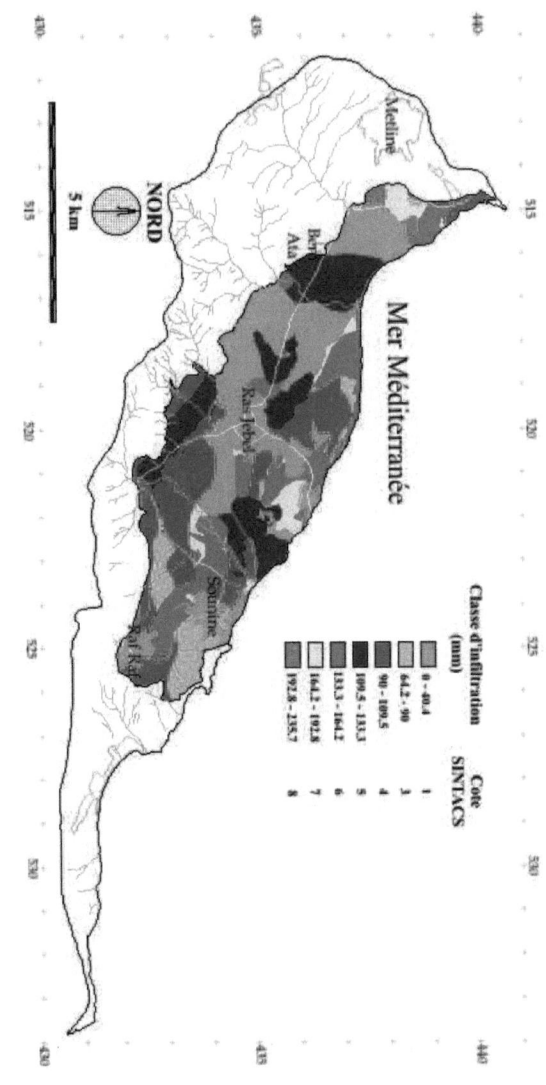

Fig. 33 : Carte de la recharge efficace de la nappe de Ras Jebel (méthode SINTACS)

I-3- Carte de l'effet de l'auto-épuration de la zone vadose

Les données de l'effet de l'auto-épuration de la zone vadose sont celles relatives à la lithologie de cette zone. Ces données ont été déjà déterminées lors de l'application de la méthode DRASTIC (fig. 26). La carte lithologique de la zone vadose déterminée après un ensemble de traitements sur ARC/Info et Idrisi (voir annexe I) a été classée en suivant la classification SINTACS (tab.18). Elle montre la présence de 4 classes lithologiques avec des cotes allant de 3 à 7 (fig. 34).

I-4- Carte pédologique

Les données pédologiques de la zone d'étude ont été déjà déterminées lors de la préparation de la carte utilisée dans la méthode DRASTIC (fig. 23). Cette carte qui montre la présence de neuf classes pédologiques a été préparée suite à un ensemble de traitements sur ARC/Info et Idrisi (voir annexe I). A chaque classe a été attribuée une cote variant de 0.5 à 8.5 en se basant sur la classification SINTACS (tab. 19). La figure 35 représente la carte pédologique SINTACS relative à la nappe de Ras Jebel.

I-5- Carte des caractéristiques hydrogéologiques de l'aquifère

La détermination des caractéristiques hydrogéologiques de l'aquifère (caractéristiques lithologiques) a été déjà effectuée lors de la préparation des cartes DRASTIC de la nappe de Ras Jebel. La carte lithologique de l'aquifère est classée selon la méthode SINTACS en quatre classes lithologiques (tab. 20). Les cotes attribuées à ces classes varient de 4 à 8 (fig. 36) (voir annexe I pour les techniques des SIG utilisées).

I-6- Carte de la conductivité hydraulique de l'aquifère

La carte de conductivité hydraulique de l'aquifère a été déjà préparée lors de l'application de la méthode DRASTIC (voir techniques de préparation en annexe I). Cette carte a été reclassée suivant la classification de conductivité hydraulique de la méthode SINTACS (tab. 21), et à chaque classe a été attribuée une cote. La carte obtenue montre la présence de 6 classes de conductivité hydraulique (fig. 37).

I-7- Carte des pentes

La carte des pentes a été déjà préparée lors de l'application de la méthode DRASTIC à la nappe de Ras Jebel (voir techniques des SIG utilisées en annexe I). Elle a été reclassée selon la classification SINTACS (tab. 22). La carte SINTACS obtenue montre la présence de huit classes (fig. 38).

Deuxième Partie - Chapitre III (Application de la méthode SINTACS à la nappe de Ras Jebel)

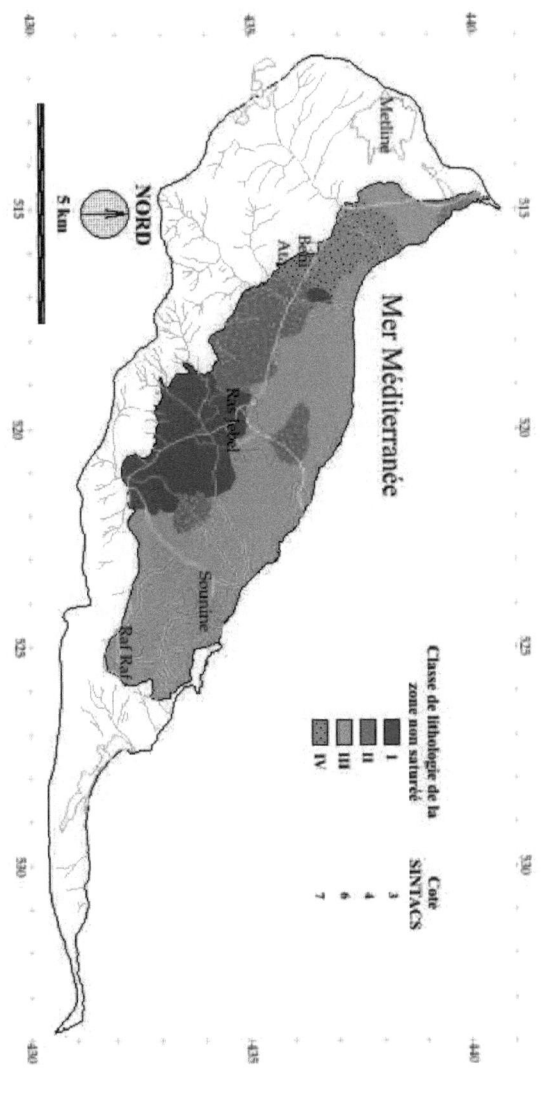

I : Argile ; Alternances d'argile et de sable (argile >> sable)
II : Argile sableuse ; Argile sableuse avec quelques intercalations de grès ; Alternances d'argile et de sable argileux (argile > sable argileux) ; Alternances d'argile, de tuf et d'argile à gravillons (argile > tuf et argile à gravillons) ; Alternances d'argile, de galets et de grès (argile >> galets et grès) ; Alternances d'argile, d'argile à gravillons et de sable argileux (argile > argile à gravillons et sable argileux).
III : Alternances de sable et de grès tendre (grès tendre > sable) ; Alternances de sable, de grès tendre et de grès dur (grès tendre > grès dur et sable) ; Grès dur ; Alternances de sable, de grès et de tuf ; Alternances de grès tendre et de grès dur ; Alternances de grès tendre, de grès dur et de sable (grès tendre et grès dur > sable)
IV : Alternances de sable et de grès tendre (sable > grès tendre).

Fig. 34 : Carte de l'effet de l'auto-épuration de la zone vadose de la nappe de Ras Jebel (méthode SINTACS)

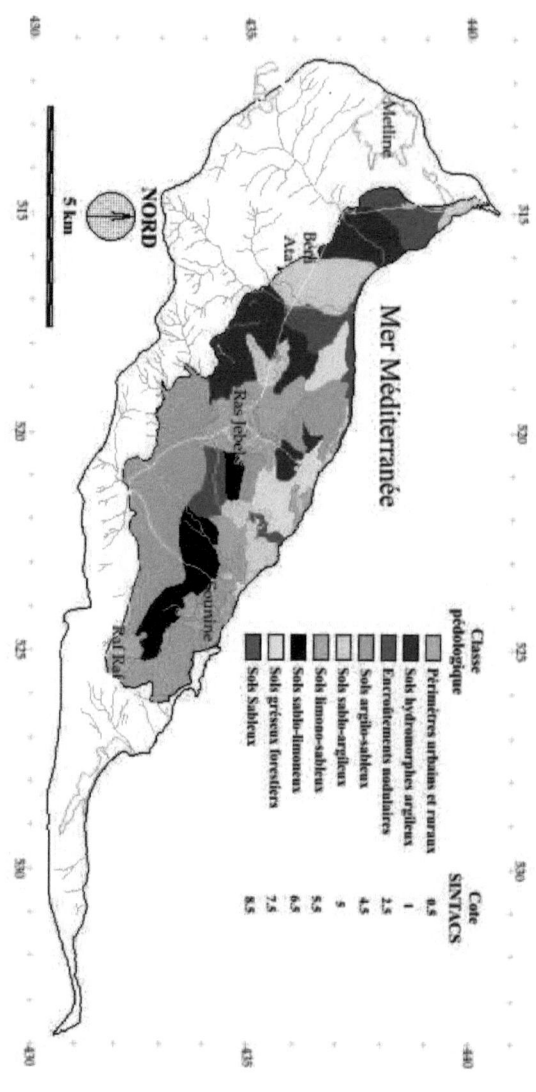

Fig. 35 : Carte pédologique de la région de Ras Jebel (classification SINTACS)

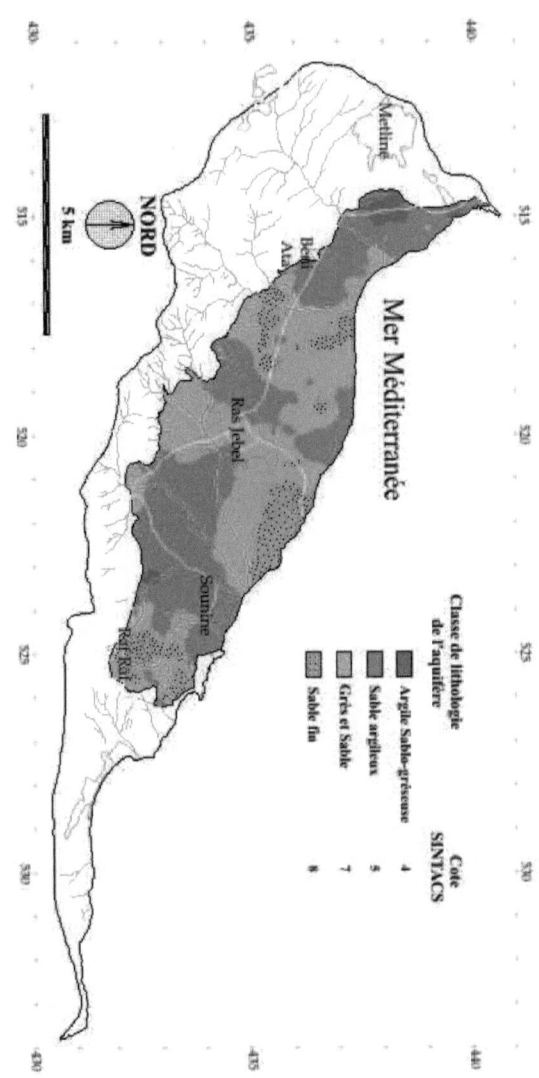

Fig. 36 : Carte de la lithologie de l'aquifère de la nappe de Ras Jebel (méthode SINTACS)

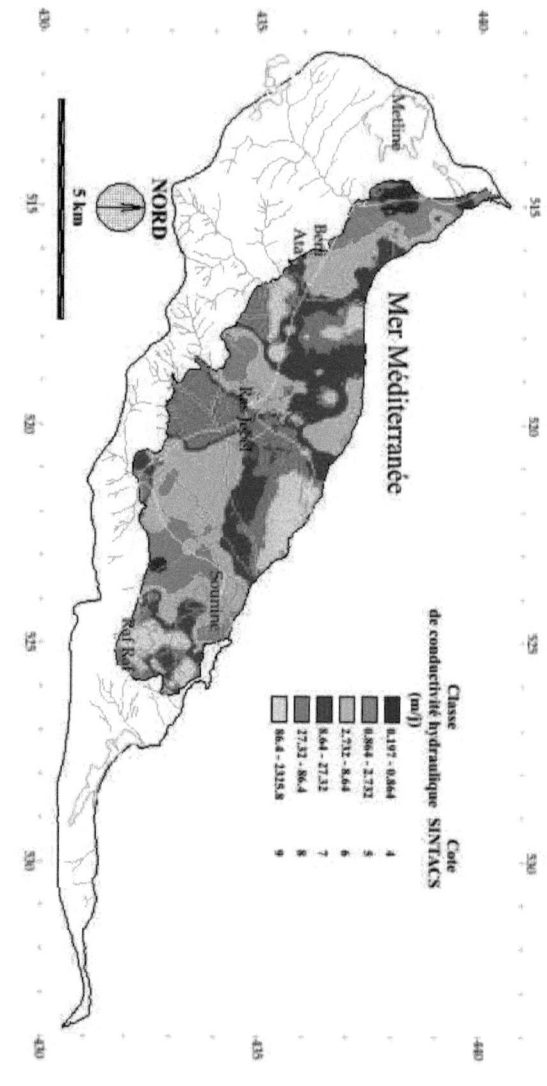

Fig. 37 : Carte de la conductivité hydraulique de l'aquifère de la nappe de Ras Jebel (méthode SINTACS)

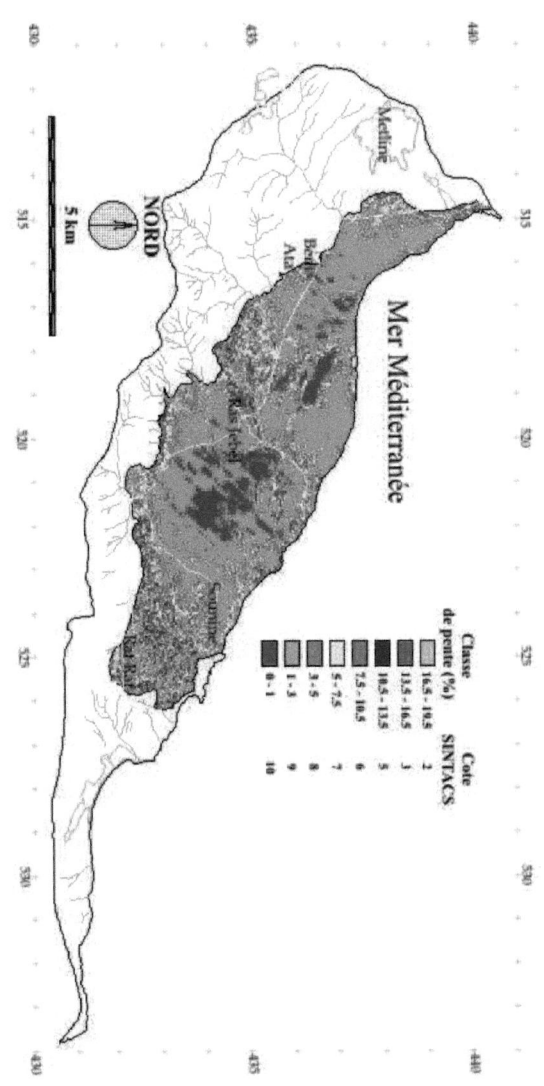

Fig. 38 : Carte des pentes de la région de Ras Jebel (méthode SINTACS)

II- Vulnérabilité déterminée par la méthode SINTACS

Deux scénarios SINTACS sont envisagés dans la zone d'étude : le scénario "Impact Normal" et le scénario "Impact Sévère". Le premier est relatif aux aquifère constitués par des sédiments non consolidés, où la profondeur du plan d'eau n'est pas très élevée, et les sols sont épais. Les zones d'application de ce scénario sont caractérisées par des transformations faibles, et des terres cultivées généralement inexistantes, et donc une utilisation de pesticides, de fertilisants et d'irrigation généralement nulle. Ce scénario ne couvre que 7.5 % de la superficie totale de la nappe. Quant au deuxième scénario, il occupe 92.5 % de la superficie totale de la nappe de Ras Jebel. Ce scénario est relatif au même type d'aquifères que pour le scénario précédent, cependant les zones d'application correspondent dans ce cas aux régions caractérisées par la présence de terres cultivées où l'utilisation de pesticides, de fertilisants et d'irrigation est importante, à celles où l'occupation des sols est intensive avec possibilité de présence d'implantations industrielles et urbaines denses et de dépôts liquides et solides de déchets.

Les deux cartes SINTACS relatives aux scénarios "Impact Normal" et "Impact Sévère" ont été élaborées, en utilisant le logiciel Idrisi, comme suit : chaque carte paramétrique (carte à cotes) a été multipliée par la valeur de son poids (tab.12), ensuite les sept cartes paramétriques ont été sommées pour obtenir les deux cartes des indices de vulnérabilité IS (IS étant égal à la somme des produits du poids de chaque paramètre par la valeur de sa cote). Les deux cartes SINTACS "Impact Normal" et "Impact Sévère" ont été ensuite classées en degrés ou classes de vulnérabilité selon le tableau 13 (fig. 39 et fig. 40). La somme de ces deux cartes a permis d'obtenir la carte finale de vulnérabilité SINTACS de la nappe de Ras Jebel à l'échelle 1/50.000 (fig. 41) (voir les techniques des SIG utilisées pour la préparation de cette carte au niveau de l'annexe I). Il en résulte que les trois degrés de vulnérabilité, faible, moyen et élevé occupent respectivement 19 %, 80 % et 1 % de la superficie totale.

Les terrains à vulnérabilité élevée, qui n'occupent que 1 % de la superficie totale de la nappe, sont localisés essentiellement au niveau de la région côtière de Chatt Mèmi, là où on constate une urbanisation de plus en plus croissante.

Les territoires à faible vulnérabilité sont quant à eux localisés au niveau des zones suivantes :
- Au Nord Ouest du village de Beni Ata;
- Au niveau d'une grande partie de la ville de Ras Jebel ainsi qu'au niveau de ses cotés Nord, Est et Ouest;

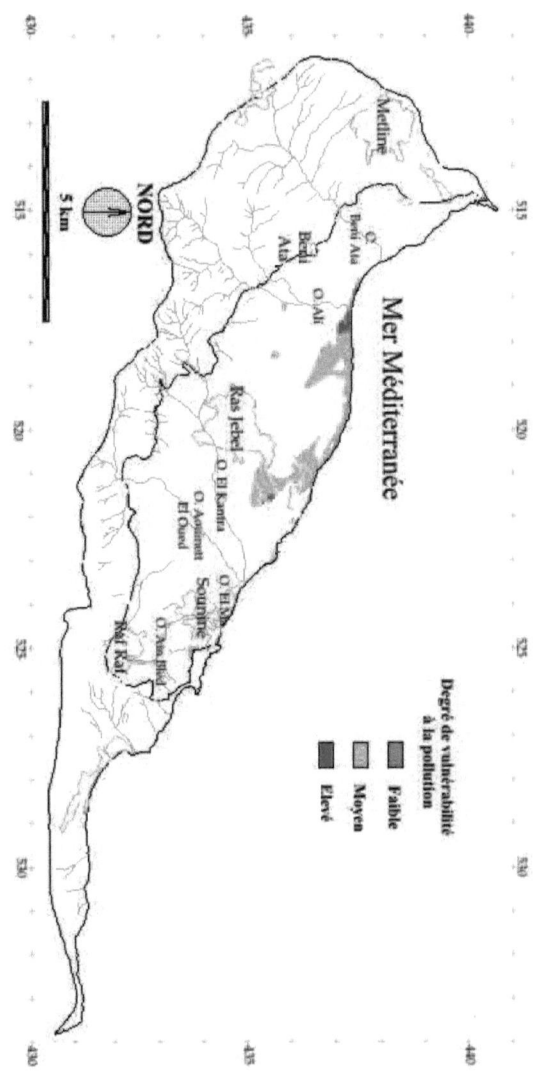

Fig. 39 : Carte de vulnérabilité SINTACS de la nappe de Ras Jebel, scénario "Impact Normal"

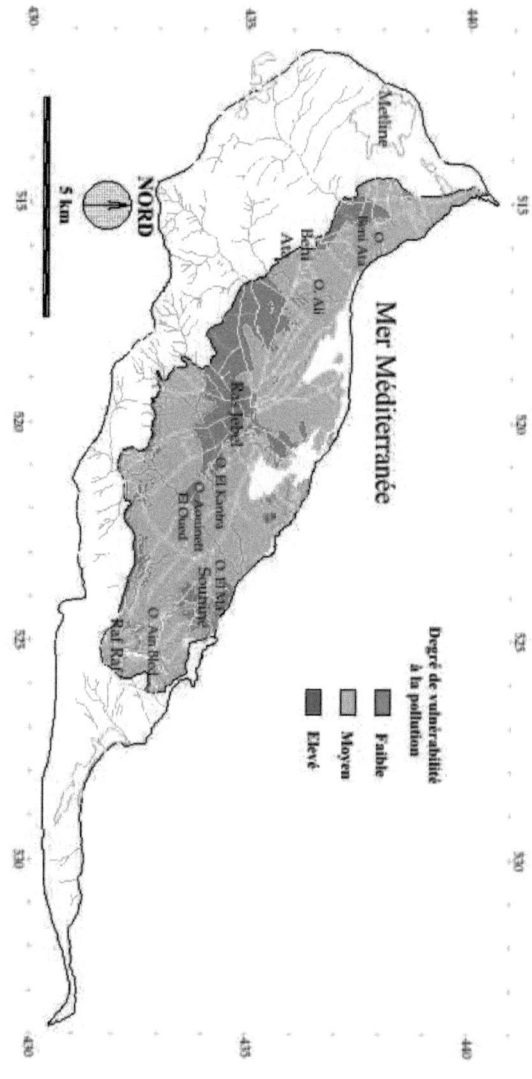

Fig. 40 : Carte de vulnérabilité SINTACS de la nappe de Ras Jebel, scénario "Impact Sévère"

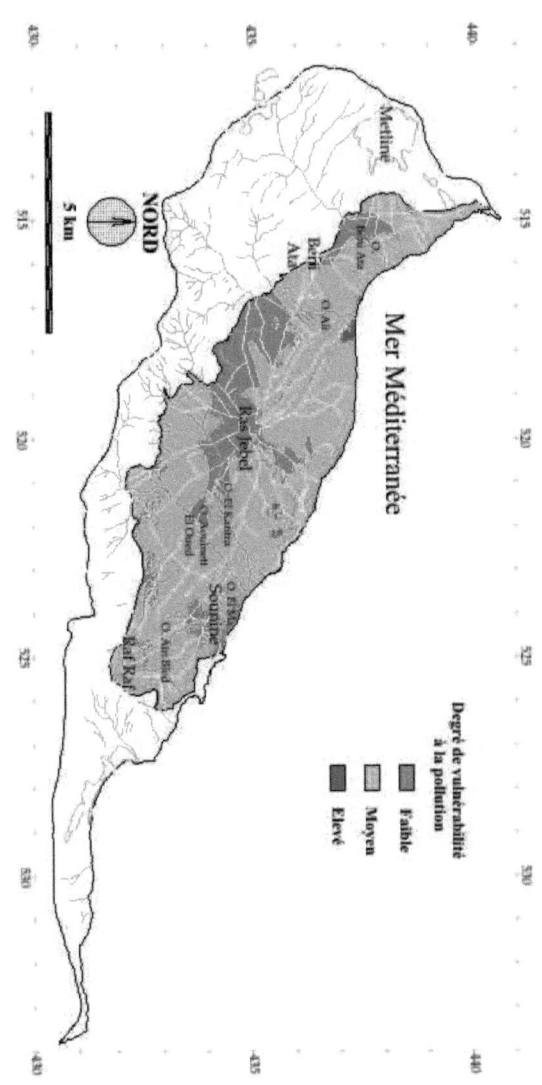

Fig. 41 : Carte de vulnérabilité SINTACS de la nappe de Ras Jebel

- Au niveau de la totalité du village de Sounine ainsi qu'au niveau de ses cotés Nord et Sud;
- Dans une zone restreinte située au Nord de la ville de Raf Raf.

Les territoires à vulnérabilité moyenne occupent la plus grande partie de la superficie de la nappe, soit 80 %.

Les facteurs déterminants de la vulnérabilité SINTACS dans la nappe de Ras Jebel sont les suivants : la profondeur du plan d'eau, la recharge efficace de l'aquifère, la lithologie de la zone vadose, les sols, la lithologie et la conductivité hydraulique de l'aquifère, et la pente. En effet, les zones à haute vulnérabilité sont généralement caractérisées par une faible profondeur du plan d'eau (généralement entre 5.6 et 8.2 m), une recharge nette annuelle supérieure à 164.2 mm, une zone vadose formée essentiellement de sable et de grès, des sols gréseux ou sableux, une zone saturée sableuse à conductivité hydraulique supérieure à 86.4 m/j, et une pente inférieure à 3 %.

Deuxième Partie
Quatrième Chapitre

*Application de la méthode SI
à la nappe de Ras Jebel*

Application de la méthode SI à la nappe de Ras Jebel

I- Elaboration des cartes paramétriques SI

I-1- Carte de la profondeur du plan d'eau

La profondeur du plan d'eau a été déjà déterminée lors de l'application de la méthode DRASTIC. La carte SI relative à ce paramètre est la même que celle obtenue dans la méthode DRASTIC, cependant les cotes correspondantes aux différentes classes ont été multipliées par 10 dans la méthode SI, et ceci pour faciliter la lecture des résultats obtenus. Cette carte montre l'existence des cinq classes : 1,5 - 4,5 ; 4,5 - 9 ; 9 - 15 ; 15 - 23 et 23 - 31 m, dont les cotes respectives sont 20, 30, 50, 70 et 90 (fig. 42).

I-2- Carte de la recharge nette de l'aquifère

La méthode de calcul de recharge nette adoptée dans la méthode SI est la méthode de Williams et Kissel (1991). Cette carte a été déjà établie lors de l'application de la méthode DRASTIC. Elle montre des valeurs de recharge nette varient entre 38 et 112 mm. Ces valeurs sont classées en trois classes : 0 - 50 mm ; 50 - 100 mm et 100 - 180 mm, dont les cotes respectives sont : 10, 30 et 60 (fig. 43). 75 % de la superficie totale de la nappe es caractérisée par une recharge nette inférieure à 50 mm.

I-3- Carte lithologique de l'aquifère

La lithologie de l'aquifère a été déjà déterminée lors de la préparation des cartes DRASTIC. Cette carte montre l'existence de 4 classes lithologiques de l'aquifère : Argile sablo-gréseuse, Sable argileux, Grès et sable, et Sable fin. Les cotes SI respectives à ces classes sont : 40, 50, 70 et 80 (fig. 44).

I-4- Carte des pentes

La carte des pentes a été également établie lors de l'application de la méthode DRASTIC. Cette carte (fig. 45) montre que la majeure partie de la nappe a une pente faible inférieure à 6 %. Les cotes attribuées aux différentes classes varient de 10 à 100 dans la carte SI.

I-5- Carte d'occupation des sols

Ce paramètre est étudié en utilisant la carte d'occupation des sols numérique, à l'échelle 1/25.000, établie par le service SIG du CRDA de Bizerte à partir de l'image satellitaire SPOT de 1994 couvrant la zone d'étude. La classification de l'occupation des sols proposée au sein de la méthode SI est celle de CORINE-Land Cover (European Community, 1993). Une valeur appelée facteur d'occupation des sols, notée LU et variant de 0

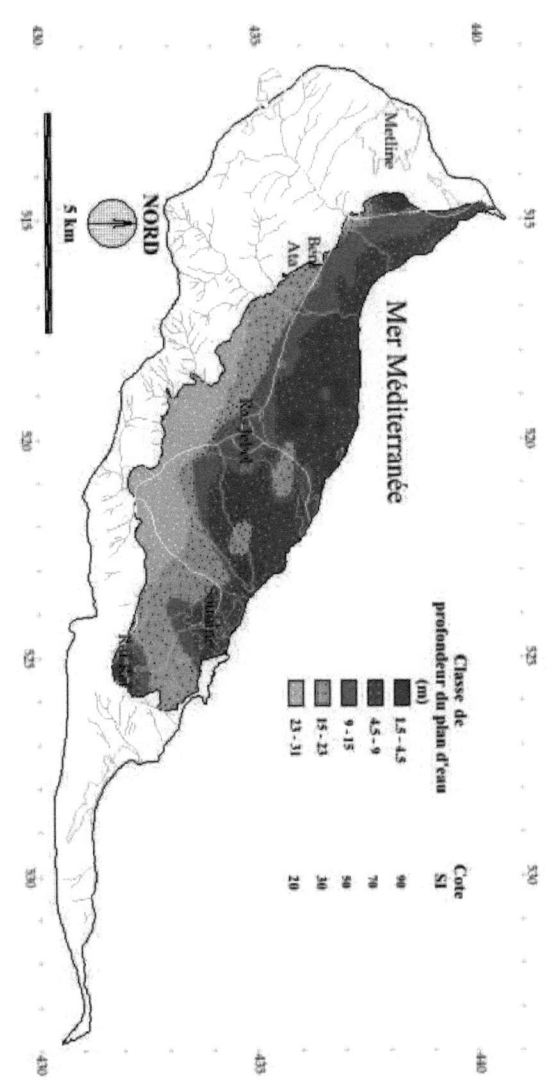

Fig. 42 : Carte de la profondeur du plan d'eau de la nappe de Ras Jebel (méthode SI)

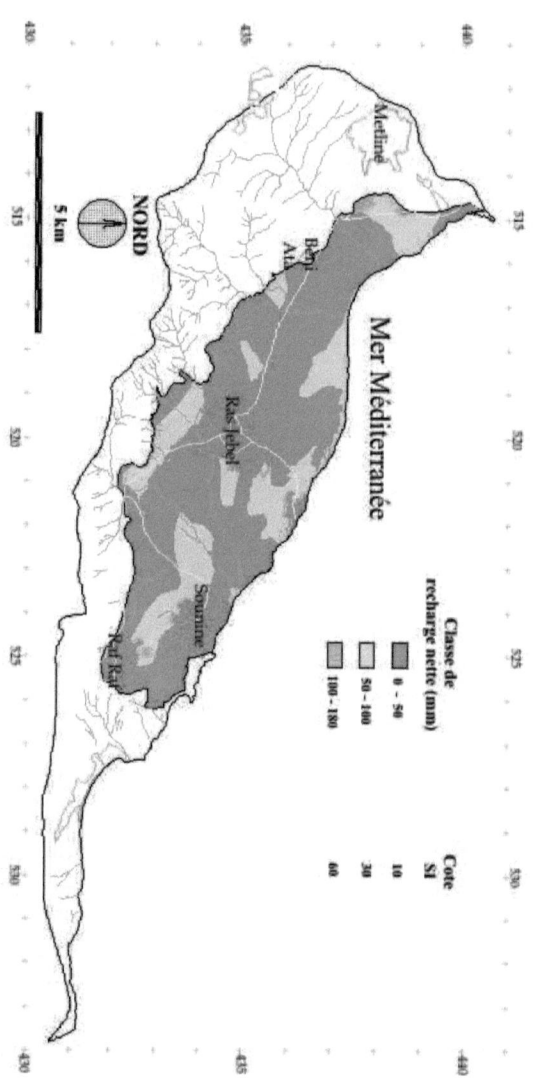

Fig. 43 : Carte de la recharge nette de la nappe de Ras Jebel (méthode SI)

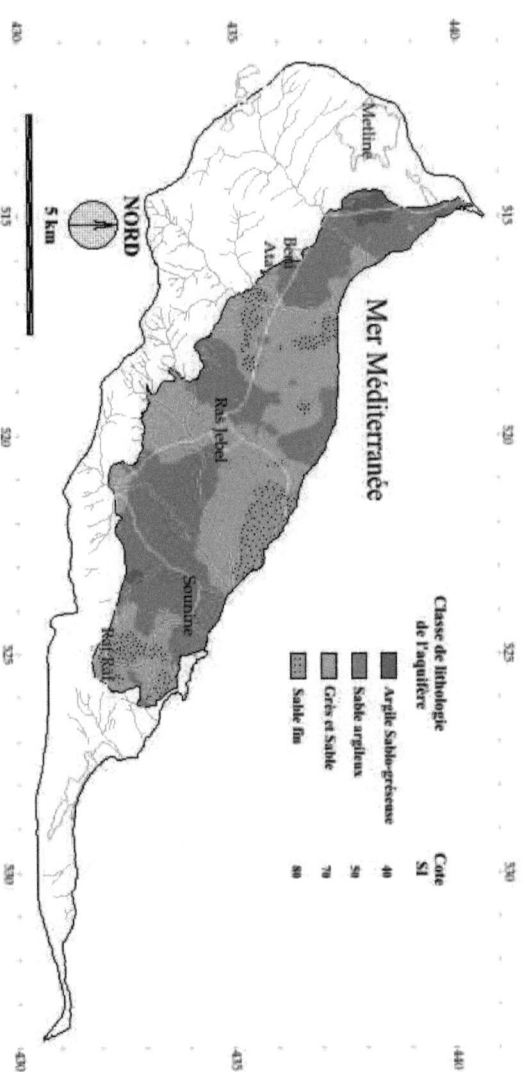

Fig. 44 : Carte de la lithologie de l'aquifère de la nappe de Ras Jebel (méthode SI)

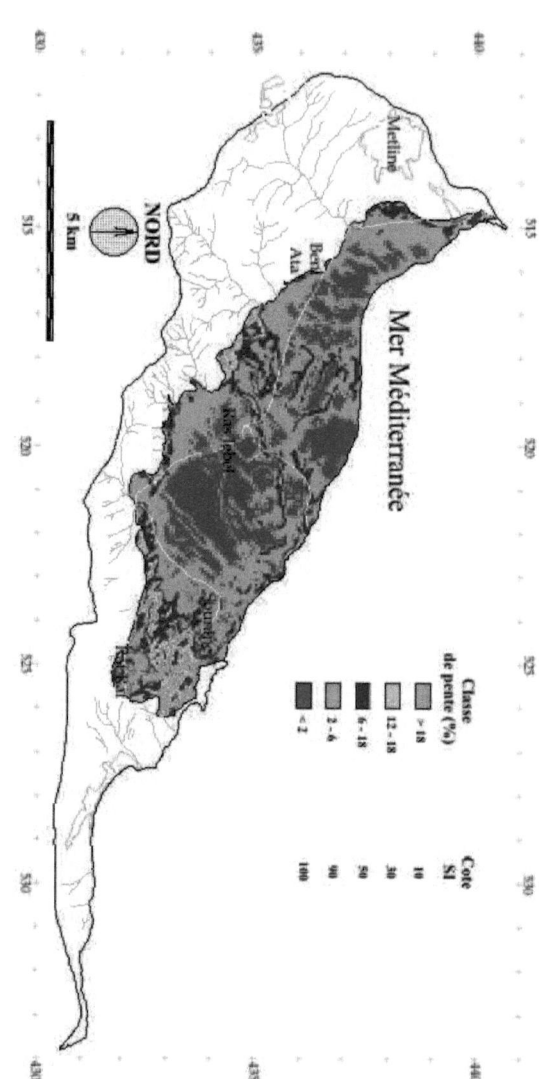

Fig. 45 : Carte des pentes de la nappe de Ras Jebel (méthode SI)

à 100 a été attribuée à chaque classe d'occupation des sols. Selon le tableau 28 proposé dans la méthode SI, la carte d'occupation des sols montre 5 classes d'occupation des sols différentes. Ces classes ainsi que leurs cotes correspondantes sont représentées dans la figure 46 (voir techniques de préparation de cette carte en annexe I).

II- Vulnérabilité déterminée par la méthode SI

Pour établir la carte SI de la vulnérabilité spécifique à la pollution par les nitrates de la nappe de Ras Jebel, les cartes relatives à chaque paramètre (carte à cotes) ont été en premier lieu multipliées par les valeurs de leurs poids correspondants (tab. 29). Ensuite, les cinq cartes paramétriques ont été sommées et ceci afin d'obtenir la carte des indices de vulnérabilité ISI (ISI étant égal à la somme des produits du poids de chaque paramètre par la valeur de sa cote). Finalement, la carte des indices de vulnérabilité a été classée en degrés ou classes de vulnérabilité selon le tableau 30 (voir les techniques des SIG utilisées pour la préparation de cette carte au niveau de l'annexe I).

La carte de vulnérabilité à échelle 1/50.000, montre que la présence de trois classes ou degrés de vulnérabilité à la pollution : faible, moyen et élevé (fig. 47).

Les terrains à faible vulnérabilité à la pollution, occupent 14 % de la superficie totale de la nappe. Ils se répartissent dans les localités suivantes :
- deux petites zones localisées à l'Est de la ville de Metline.
- une très petite zone côtière à Chatt Mèmi (région de Metline),
- une zone côtière localisée au Nord est de la ville de Ras Jebel allant d'El Hdouba jusqu'à la région de Temda.
- El Houarech et entre les régions de Temda et Ain Charchara au Nord Est de la ville de Ras Jebel.
- une zone localisée à l'Ouest de la ville de Ras Jebel.
- la partie Nord et Est de la ville de Raf Raf.

Pour les terrains à vulnérabilité élevée qui couvrent 12 % de la superficie de la nappe, ils s'étendent comme suit :
- l'Est de la ville de Metline.
- la région de Chatt Mèmi.
- la région d'El Hdouba à l'Est d'Oued Ali.
- le Nord Est de la ville de Ras Jebel couvrant les régions d'El Maskett, de Dh'har Ennakaâ, de Dh'har El Fahs et de Ghouz El Gharmoul.
- une très petite zone localisée au niveau de la ville de Raf Raf.

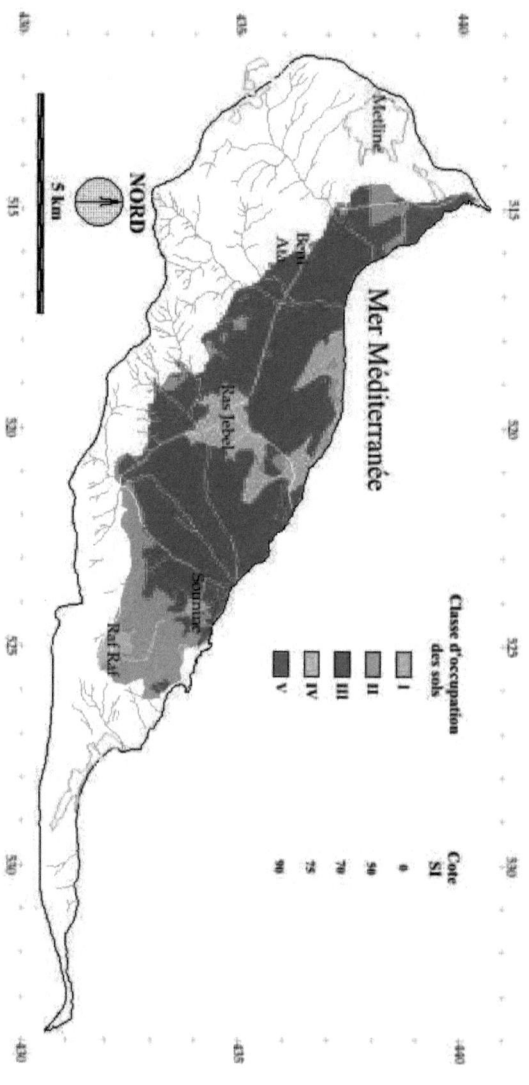

Fig. 46 : Carte d'occupation des sols de la nappe de Ras Jebel (méthode SI)

I : Terres incultes (sable et rocher), Maquis/Garrigue, Forêts
II : Mosaïque de cultures annuelles, d'arbres fruitiers et de vignes
III : Agglomérations rurales denses, Agglomérations rurales dispersées, Arbres fruitiers
IV : Agglomérations urbaines (habitations, zones industrielles, …)
V : Périmètres irrigués, Cultures annuelles irriguées et non irriguées

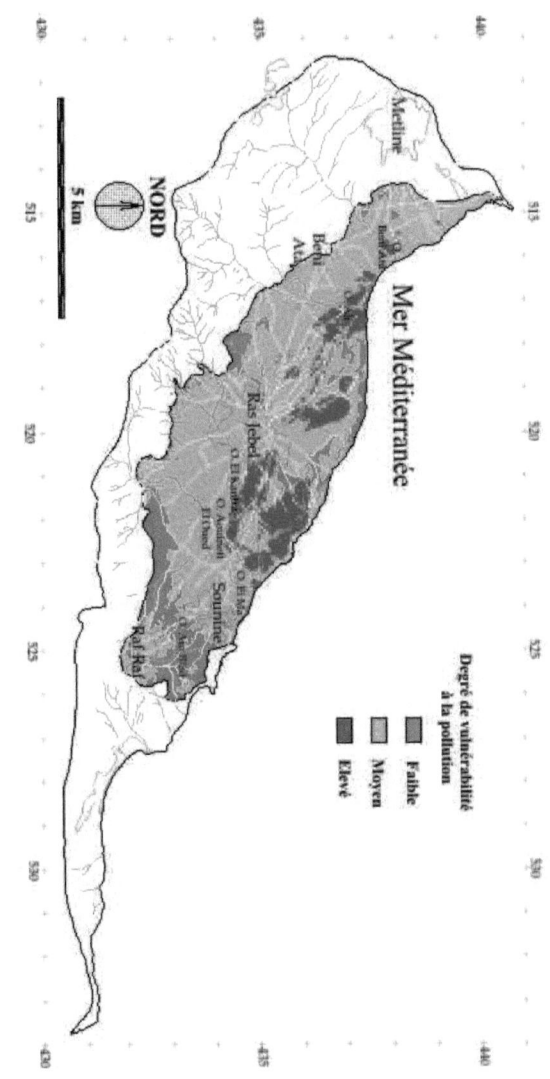

Fig. 47 : Carte de vulnérabilité à la pollution spécifique par les nitrates de la nappe de Ras Jebel (méthode SI)

Ces terrains se caractérisent par une occupation des sols relative au périmètre irrigué et aux cultures annuelles, une profondeur faible du plan d'eau (comprise entre 1.5 et 9 m), une recharge nette de l'aquifère comprise entre 38 et 100 mm, un aquifère de lithologie gréso-sableuse ou sableuse, et une pente faible inférieure à 6 %.

Enfin, les terrains à vulnérabilité moyenne occupent la plus grande partie de sa superficie, soit 74 %.

Deuxième Partie

Cinquième Chapitre

Vulnérabilité à la pollution par les nitrates de la nappe de Ras Jebel, validité des résultats

Vulnérabilité à la pollution par les nitrates de la nappe de Ras Jebel, validité des résultats

La validité des méthodes de vulnérabilité DRASTIC standard (classification d'Engel et al., 1996), SINTACS (Civita, 1994) et SI (Ribeiro, 2000), à la pollution par les nitrates, a été testée dans la nappe de Ras Jebel en établissant une comparaison entre la répartition des nitrates dans les eaux de la nappe et la répartition des classes de vulnérabilité. Stigter et al. (2006) ont défini les concentrations faibles en nitrates comme étant celles inférieures à 50 mg/l, les concentrations moyennes comme étant celles comprises entre 50 et 150 mg/l, et les concentrations élevées comme étant celles supérieures à 150 mg/l.

A défaut de mesures récentes nous avons utilisé 21 mesures de NO_3^- enregistrées en 1993 et 11 autres plus récentes relatives à l'année 2002 (voir annexe II). Il est à noter que nous avons considéré que les valeurs de concentration en nitrates relatives à 1993 sont voisines des valeurs de 2002 vu que les conditions hydrogéologiques, climatiques et d'exploitation de la nappe ainsi que l'occupation des sols n'ont pas beaucoup changé depuis 1993.

Les figures 48, 49 et 50 représentent respectivement les cartes de vulnérabilité à la pollution DRASTIC standard, SINTACS et SI, associées à la répartition des trois classes de concentrations en nitrates.

I- Vérification de la validité de la carte de vulnérabilité DRASTIC standard

En se basant sur le tableau 33 nous pouvons déduire que les valeurs de concentration en nitrates se répartissent comme suit :

- 13 valeurs sont supérieures à 150 mg/l dont 5 (soit 39 % de ces valeurs) coïncident avec la zone à vulnérabilité DRASTIC standard élevée et 8 (soit 61 % de ces valeurs) avec la zone à moyenne vulnérabilité.
- 12 valeurs sont comprises entre 50 et 150 mg/l dont 7 (soit 59 % de ces valeurs) coïncident avec la zone à vulnérabilité moyenne et 5 (soit 41 % de ces valeurs) avec la zone à vulnérabilité faible.
- 7 valeurs sont inférieures à 50 mg/l dont 3 valeurs coïncident avec la zone à vulnérabilité faible (soit 43 % de ces valeurs) et 4 (soit 57 % de ces valeurs) avec la zone à vulnérabilité moyenne.

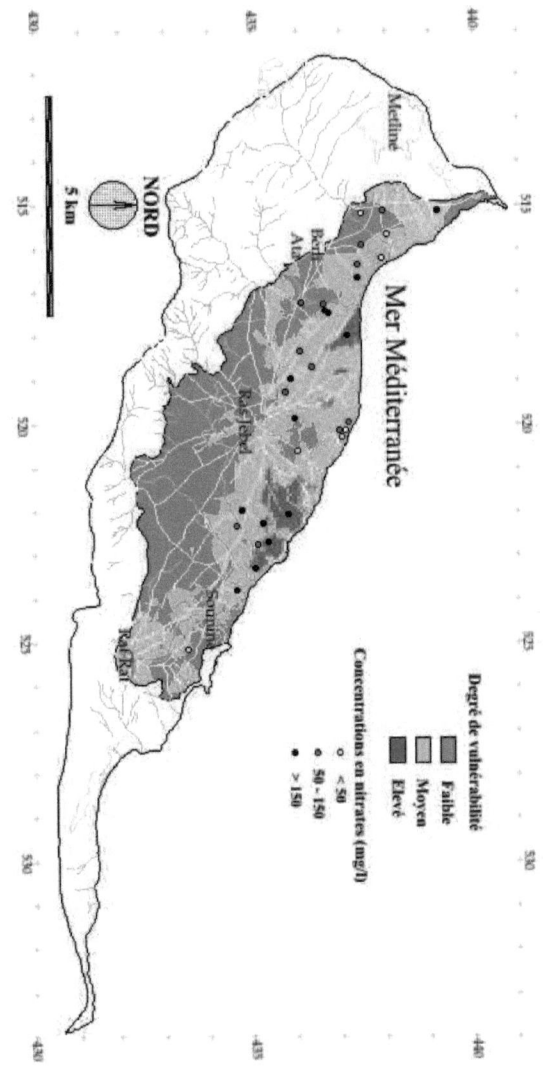

Fig. 48 : Répartition des nitrates dans la carte DRASTIC standard de la nappe de Ras Jebel

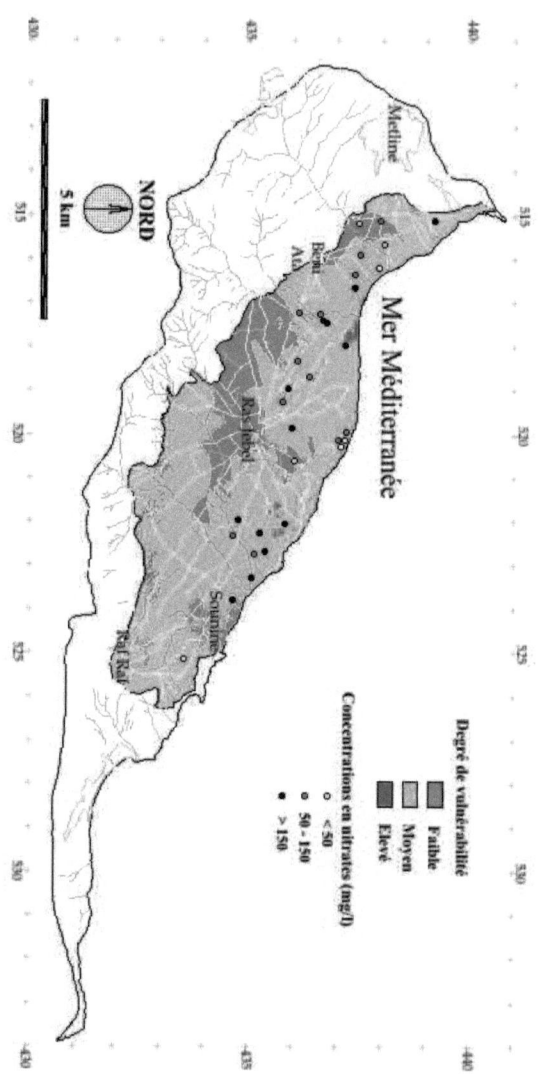

Fig. 49 : Répartition des nitrates dans la carte SINTACS de la nappe de Ras Jebel

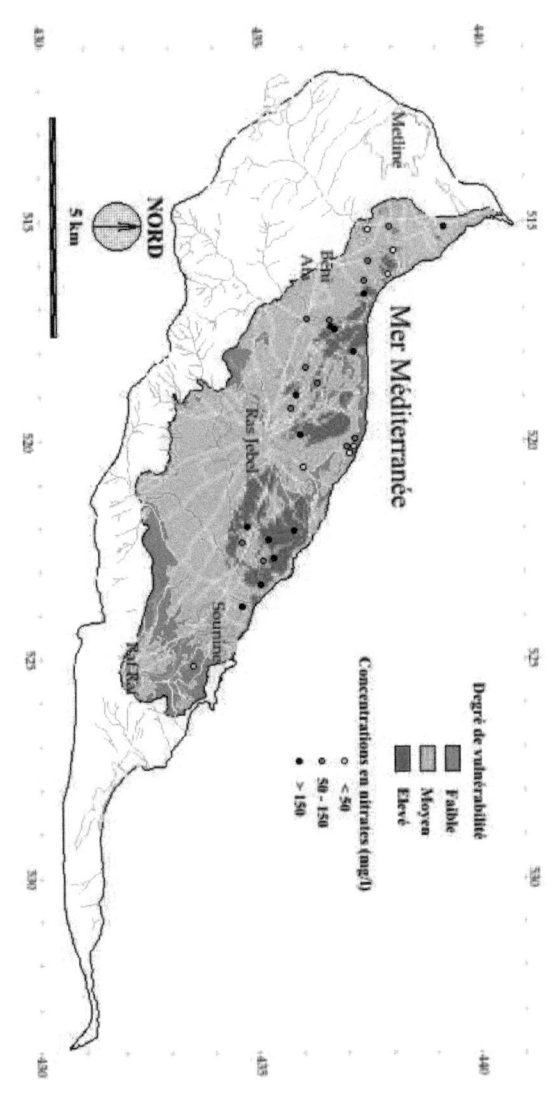

Fig. 50 : Répartition des nitrates dans la carte SI de la nappe de Ras Jebel

Tab. 32 : Coïncidence entre les concentrations en nitrates et
les classes de vulnérabilité DRASTIC standard

	Vulnérabilité élevée	Vulnérabilité moyenne	Vulnérabilité faible
Nombre de valeurs élevées de [NO_3^-] (supérieures à 150 mg/l)	5	8	0
Nombre de valeurs moyennes de [NO_3^-] (comprises entre 50 et 150 mg/l)	0	7	5
Nombre de valeurs faibles de [NO_3^-] (inférieures à 50 mg/l)	0	4	3

II- Vérification de la validité de la carte de vulnérabilité SINTACS

Le tableau 34 montre que :

- Parmi les 13 valeurs supérieures à 150 mg/l, une seule coïncide avec la zone à vulnérabilité SINTACS élevée. Les 12 valeurs restantes (soit 92 %) coïncident avec la zone à moyenne vulnérabilité.

- Parmi les 12 valeurs comprises entre 50 et 150 mg/l, 11 (soit 91 % de ces valeurs) coïncident avec la zone à moyenne vulnérabilité et une seule (soit 9 % de ces valeurs) avec la zone à vulnérabilité faible.

- Parmi les 7 valeurs inférieures à 50 mg/l, 2 (soit 29 % de ces valeurs) coïncident avec la zone à faible vulnérabilité et 5 (soit 71 % de ces valeurs) avec la zone à vulnérabilité moyenne.

III- Vérification de la validité de la carte de vulnérabilité SI

Le tableau 35 montre que :

- Parmi les 13 valeurs supérieures à 150 mg/l, 11 (soit 84 % de ces valeurs) coïncident avec la zone à vulnérabilité SI élevée, et 2 (soit 16 % de ces valeurs) avec la zone à vulnérabilité moyenne.

- Parmi les 12 valeurs comprises entre 50 et 150 mg/l, 10 (soit 83 % de ces valeurs) coïncident avec la zone à moyenne vulnérabilité, une valeur coïncide avec la zone à vulnérabilité faible et une autre avec la zone à vulnérabilité élevée.

- Parmi les 7 valeurs inférieures à 50 mg/l, 4 (soit 57 % de ces valeurs) coïncident avec la zone à faible vulnérabilité et les 3 autres (soit 43 % de ces valeurs) avec la zone à vulnérabilité moyenne.

Tab. 33 : Coïncidence entre les concentrations en nitrates et les classes de vulnérabilité SINTACS

	Vulnérabilité élevée	Vulnérabilité moyenne	Vulnérabilité faible
Nombre de valeurs élevées de [NO_3^-] (supérieures à 150 mg/l)	1	12	0
Nombre de valeurs moyennes de [NO_3^-] (comprises entre 50 et 150 mg/l)	0	11	1
Nombre de valeurs faibles de [NO_3^-] (inférieures à 50 mg/l)	0	5	2

Tab. 34 : Coïncidence entre les concentrations en nitrates et les classes de vulnérabilité SI

	Vulnérabilité élevée	Vulnérabilité moyenne	Vulnérabilité faible
Nombre de valeurs élevées de [NO_3^-] (supérieures à 150 mg/l)	11	2	0
Nombre de valeurs moyennes de [NO_3^-] (comprises entre 50 et 150 mg/l)	1	10	1
Nombre de valeurs faibles de [NO_3^-] (inférieures à 50 mg/l)	0	3	4

IV- Conclusions

La comparaison des différentes cartes de vulnérabilité par rapport aux mesures de nitrates disponibles dans les eaux de la nappe permet de tirer les conclusions suivantes concernant la nappe de Ras Jebel :

- La carte la plus valide quant à l'évaluation de la vulnérabilité à la pollution par les nitrates est celle relative à la méthode SI (Ribeiro, 2000) avec un taux de coïncidence de 78 % entre les concentrations en nitrates disponibles et les différentes classes de vulnérabilité (25 valeurs sur 32). Ce taux de coïncidence peut être détaillé comme suit : un taux de coïncidence de 84 % entre les concentrations élevées en nitrates (supérieures à 150 mg/l) et les zones à vulnérabilité élevée, un taux de coïncidence de 83 % entre les concentrations moyennes (comprises entre 50 et 150 mg/l) et les zones à vulnérabilité moyenne, et un taux de coïncidence de 57 % entre les concentrations faibles (inférieures à 50 mg/l) et les zones à faible vulnérabilité. Ce taux de coïncidence élevé peut être expliqué par le fait que la méthode SI, méthode de vulnérabilité spécifique à la pollution agricole par les nitrates, prend en compte un facteur important qui n'est pas considéré dans les deux autres méthodes : le facteur occupation des sols.

- La carte de vulnérabilité DRASTIC standard montre quant à elle un taux de coïncidence de 47 % (15 valeurs sur 32) détaillé comme suit : un taux de coïncidence de 39 % entre les concentrations élevées en nitrates et les zones à vulnérabilité élevée, un taux de coïncidence de 59 % entre les concentrations moyennes et les zones à vulnérabilité moyenne, et un taux de coïncidence de 43 % entre les concentrations faibles en nitrates et les zones à faible vulnérabilité. Il est à rappeler que la méthode DRASTIC est une méthode vulnérabilité intrinsèque qui ne prend pas compte de la nature du polluant ni du facteur occupation des sols.

- La carte de vulnérabilité établie selon la méthode SINTACS, qui est également une méthode vulnérabilité intrinsèque, montre un taux de coïncidence de 44 % entre les concentrations en nitrates et les différentes classes de vulnérabilité (14 valeurs sur 32) détaillé comme suit : un taux de coïncidence de 8 % entre les concentrations élevées en nitrates et les zones à vulnérabilité élevée, un taux de coïncidence de 91 % entre les concentrations moyennes et les zones à vulnérabilité moyenne, et un taux de coïncidence de 29 % entre les concentrations faibles et les zones à faible vulnérabilité.

Deuxième Partie

Conclusion

Conclusion

L'établissement des différentes cartes de vulnérabilité à la pollution de la nappe de Ras Jebel nous a permis de dégager des données intéressantes qui n'étaient pas présentes ou qui n'étaient pas détaillées dans des études précédentes effectuées dans la zone d'étude. Ces données sont essentiellement relatives à la recharge nette, à la lithologie et à la conductivité hydraulique de l'aquifère, à la lithologie de la zone vadose et à la nature des sols. Plusieurs méthodes de calcul de la recharge nette ont été discutées lors de cette étude, à savoir la méthode de la balance hydrique, la méthode de Williams et Kissel et la méthode de Rao, qui ont été toutes utilisées dans les modèles DRASTIC et SI, et la méthode d'England qui a été utilisée dans le cas de la méthode SINTACS. Les trois dernières méthodes donnent des résultats qui ne sont pas très différents et qui sont en même temps très distincts de ceux obtenus par la méthode de la balance hydrique. Une nouvelle carte lithologique de l'aquifère a été élaborée en se basant sur les données de profondeur du plan d'eau (qui ont servi à délimiter l'aquifère), les données issues des corrélations lithostratigraphiques et les données de conductivité hydraulique de l'aquifère, qui ont été elles-mêmes déterminées à partir des données de transmissivité et de l'épaisseur de l'aquifère disponibles dans la zone d'étude. Cette étude a également permis d'établir une carte pédologique détaillée de la région, à l'échelle 1/50.000, qui n'était pas disponible auparavant. Enfin, une nouvelle carte lithologique de la zone vadose a été établie en se basant sur des données géologiques de surface, des corrélations lithostratigraphiques et des données de prospection électrique.

Les facteurs qui déterminent la vulnérabilité DRASTIC standard, méthode de vulnérabilité intrinsèque, dans la nappe de Ras Jebel sont : la profondeur du plan d'eau, la lithologie de la zone vadose et la lithologie de l'aquifère et sa conductivité hydraulique, alors que ceux déterminants de la vulnérabilité DRASTIC pesticides sont la profondeur du plan d'eau, la lithologie de la zone vadose, les sols, la lithologie de l'aquifère et la pente. La vulnérabilité SINTACS est quant à elle liée à la profondeur du plan d'eau, à la recharge efficace de l'aquifère, à la lithologie de la zone vadose, aux sols, à la lithologie et à la conductivité hydraulique de l'aquifère et à la pente. Pour la vulnérabilité relative à la méthode SI, méthode de vulnérabilité spécifique, les facteurs déterminants sont essentiellement la lithologie de l'aquifère, l'occupation des sols, la recharge nette et la profondeur du plan d'eau.

La validité des résultats a été testée en utilisant les teneurs en nitrates disponibles dans les eaux de la nappe. Les résultats montrent que la méthode SI est la méthode la plus adaptée à l'évaluation de la vulnérabilité à la pollution par les nitrates, en effet le taux de coïncidence entre les différentes classes de vulnérabilité et les concentrations en nitrates disponibles est de 78 %, ce qui représente le taux le plus élevé par rapport aux taux de coïncidence relatifs aux méthodes DRASTIC standard et SINTACS. Ceci peut être expliqué par le fait que la méthode SI est une méthode de vulnérabilité spécifique à la pollution par les nitrates, qui prend compte des propriétés chimiques des nitrates et des relations qui existent entre ces éléments et les divers composants du milieu.

Troisième Partie

Application des méthodes de vulnérabilité DRASTIC, SINTACS et SI à la nappe de l'Oued Guéniche

Troisième Partie
Premier Chapitre

Cadre général de la nappe de l'Oued Guéniche

Cadre général de la nappe de l'Oued Guéniche

I- Localisation géographique

La nappe phréatique de l'Oued Guéniche occupant une superficie de 83 km^2 (fig. 51) est localisée au niveau de la plaine de l'Oued Guéniche dont la superficie est égale à 130 km^2.

Cette plaine est située à 5 km au Sud de la ville de Bizerte et est limitée :
- Au Nord, par la ville de Menzel Jemil, et les Jebels El Baten, Er Rmil et Ain Es Saâda;
- Au Sud, par les Jebels Rayane, Nacherine, Echrichira et Sidi Mansour;
- A l'Est, par Jebel Sidi Ali Echebab, les hauteurs d'El Alia et Jebel Jerissa;
- A l'Ouest, par le lac de Bizerte et l'Oued Chegui.

Elle s'étend sur trois délégations : El Alia, Menzel Bourguiba et Menzel Jemil. Elle est traversée sur toute son étendue par un important réseau de routes (route nationale n° 8 Tunis-Bizerte, Autoroute Tunis-Bizerte, route Tunis-Menzel Bourguiba, route de Bizerte-El Alia, route El Alia-El Khétmine) et de pistes facilitant l'accès à la plaine.

Les principales agglomérations de la nappe sont les villes de Menzel Jemil et d'El Alia, avec de petits villages et de petites agglomérations rurales telles qu'El Khétmine, El Azib, Ejjouaouda et Daouar Maghraoua.

II- Climat

Le climat qui règne dans la plaine de l'Oued Guéniche est de type méditerranéen à saison hivernale fraîche et humide. Les vents dominants sont ceux du Nord Ouest et de l'Ouest. Leur vitesse peut dépasser pendant l'hiver les 20 m/s. Au printemps et en été, les vents d'Ouest ont une vélocité typique de 15 m/s (Kallel, 1989). La température journalière moyenne relevée par l'institut de la météorologie nationale au niveau de la station Bizerte-Sidi Ahmed (1982-2002), station la plus proche de la plaine de Guéniche, donne des moyennes mensuelles qui varient de 11 °C en hiver (Janvier) à près de 26 °C en été (Août), avec des moyennes des maxima journaliers en Juillet et Août dépassant les 30 °C. La température moyenne annuelle est de l'ordre de 18 °C. Les gelées sont plutôt rares dans la zone d'étude durant les journées hivernales (Kallel, 1989). Les précipitations sont du type orographique.

Il existe six postes pluviométriques couvrant la plaine de l'Oued Guéniche. Ces postes, créés par les services de la DGRE, sont : El Alia SE, El Alia délégation, Oued El Hella, Manzel Jemil, El Azib Floréal, et barrage Nacherine. Les caractéristiques de ces postes sont résumées dans le tableau 36.

Troisième Partie - Chapitre I (Cadre général de la nappe de l'Oued Guéniche)

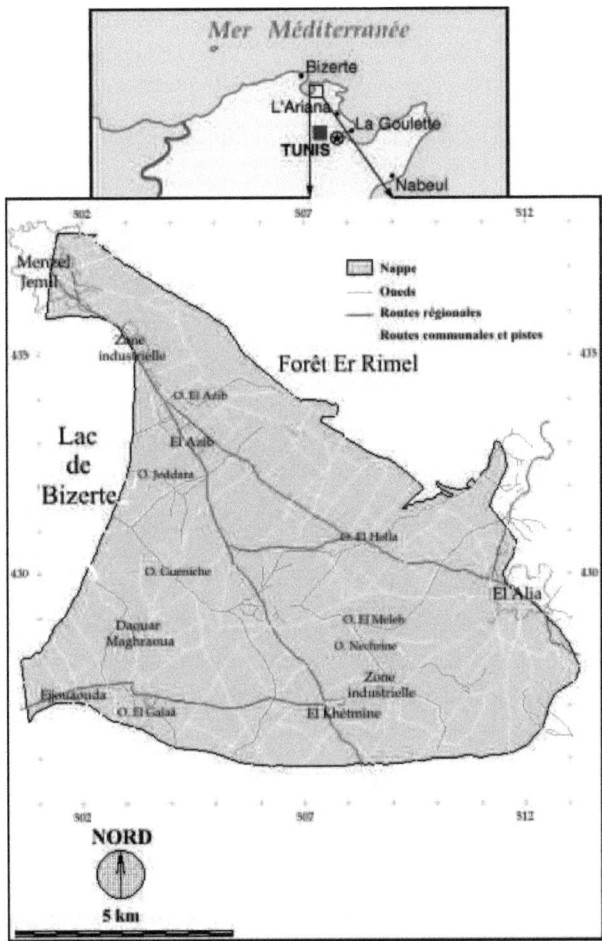

Fig. 51 : Carte de localisation de la nappe de l'Oued Guéniche

La pluviométrie annuelle de l'ensemble de la nappe a été calculée sur la période s'étendant de 1982 à 2002 à partir des données de ces stations (DGRE, 1982-2002), et ceci par une interpolation de ces données sur l'ensemble de la superficie de la nappe. La carte pluviométrique obtenue est caractérisée par des valeurs variant de 485 à 599 mm (fig. 52).

Tab. 36 : Postes pluviométriques de la nappe de l'Oued Guéniche

Nom de la station	Longitude	Latitude	Altitude	Durée	Période
El Alia SE	512.7952	431.9125	120 m	45 ans	1960 à 2006
El Alia délégation	512.1171	429.7305	100 m	30 ans	1975 à 2006
Oued El Hella	509.7952	431.9125	45 m	40 ans	1965 à 2006
Menzel Jemil	501.1881	437.0573	20 m	40 ans	1965 à 2006
EL Azib Floréal	504.6109	433.1937	10 m	45 ans	1960 à 2006
Barrage Nacherine	509.343231	425.283447	100 m	30 ans	1975 à 2006

III- Réseau Hydrographique

Le réseau hydrographique de la région d'étude est dominé par l'Oued Guéniche qui collecte l'essentiel du ruissellement et constitue ainsi le principal axe d'écoulement de surface (fig. 53). Cet Oued, de direction Ouest-Est, draine la zone centrale de la plaine avant de se jeter dans le lac de Bizerte. Vers l'amont, il est formé par la confluence des oueds El Hella, El Meleh et Nechrine qui drainent respectivement les parties Nord-Est, Est et Sud-Est de cette plaine. Les autres oueds tels que Oued El Galaâ et Oued Jeddara sont de moindre importance.

VI- Configuration tectonique et structurale

Les unités tectoniques qui entourent la plaine de l'Oued Guéniche représentent la terminaison N.E. des plis de la chaîne Atlasique s'étendant entre le Kef, Teboursouk, Mejez El Bab et Ain Ghelal. Le Jebel Kechabta est un anticlinal formé de terrains miocènes et pliocènes. Cet axe se prolonge vers le N.E. par la région anticlinale d'El Alia où affleurent des terrains du Crétacé supérieur, du Nummulitique et du Néogène. Un affleurement de trias y est

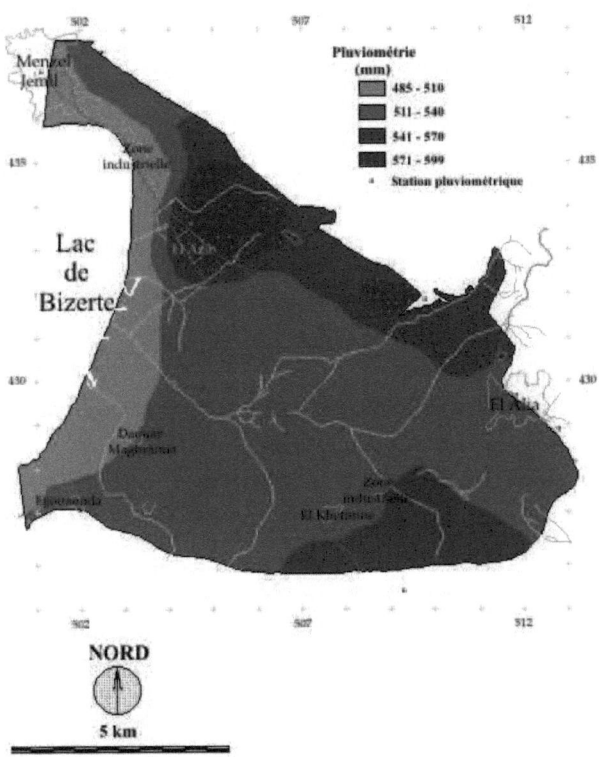

Fig. 52 : Isohyètes de la région d'étude

visible à la faveur d'un accident important. Ces ensembles tectoniques forment des collines assez élevées entourant la plaine d'effondrement de l'Oued Guéniche.

V- Géologie des affleurements

La plaine de l'Oued Guéniche est une cuvette d'effondrement qui a été recouverte par la Mer Tyrrhénienne après la grande phase tectonique post-villafranchienne. Elle a été comblée depuis et jusqu'à nos jours par les alluvions quaternaires (Burollet, 1951). Cette cuvette a été remplie de sédiments quaternaires essentiellement représentés par des sables, des alluvions, des éboulis, des grés, des limons, des argiles et des calcaires. Ces dépôts terrigènes correspondent à des apports détritiques issus des formations secondaires et tertiaires affleurant sur les bordures de la plaine. Les sables, les grés et les calcaires sont perméables et renferment des nappes aquifères plus ou moins séparées par des intercalations argileuses. Les principales formations géologiques observables en affleurement dans la nappe de l'Oued Guéniche sont principalement des dépôts quaternaires avec quelques dépôts anté-quaternaires. Ces formations géologiques sont représentées au niveau de la carte géologique de la nappe de l'Oued Guéniche (fig. 53) extraite à partir de celle relative à Porto Farina (Ghar El Melh) au 1/50 000 (Burollet, 1952).

V-1- Les dépôts quaternaires

- **Alluvions récentes (a)** : Elles couvrent la majeure partie de la plaine de l'Oued Guéniche. Elles sont apportées par les oueds qui s'y déversent.

- **Dunes récentes (D)** : Ce sont de grandes dunes mouvantes, formées de sables fins soulevés par les vents du N.O. sont connues au Nord de la plaine (dunes d'El Alia au N.O. de cette ville).

- **Tyrrhénien (Qt)** : Il est formé de grès coquillé. Il est localisé essentiellement au niveau de la région de Henchir El Khraieb tout près de la ville Menzel Jemil.

- **Sols anciens et éboulis (Aa)** : Des éboulis (graviers et cailloutis) et des sols anciens (limons et argiles noirâtres plus ou moins sableuses) forment des glacis entourant les collines et les reliefs anticlinaux qui limitent la plaine surtout sur sa bordure Sud et Sud-Est.

- **Quaternaire marin et dunes anciennes (qm^1)** : Observable sur de vastes affleurements dans la région de Daouar Maghraoua, de part et d'autre de l'Oued Guéniche, ainsi qu'à l'extrémité S.O. de la plaine dans la région de Sidi Bou Thouir, ce Quaternaire marin est surtout formé de roches à cardium édule Lin.

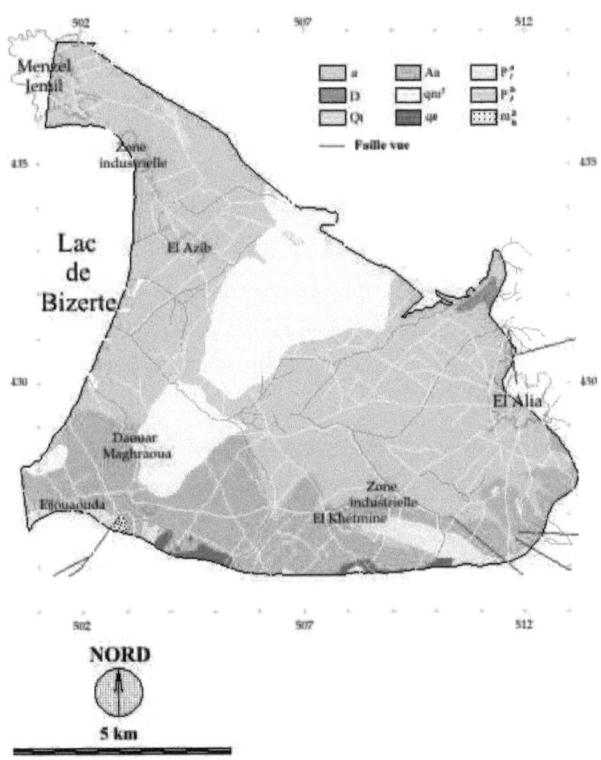

a : Alluvions récentes ; **D** : Dunes récentes ; **Qt** : Tyrrhénien : Grès coquiller ;
Aa : Sols anciens et éboulis ; **qm^1** : Quaternaire marin et dunes anciennes ;
q_{II} : V illafranchien supérieur ;
P_I^b : Pliocène, Grès de Porto Farina, Faciès astien passant localement au sommet au Villafranchien ;
P_I^a : Pliocène, Marnes de Raf Raf, Faciès plaisancien ;
M_b^2 : Miocène, Flysch du Kechabta, Alternances de marnes et de grès fin.

Fig. 53 : Carte géologique de la nappe de l'Oued Guéniche

IV-2- Les dépôts anté-quaternaires

- **Villafranchien supérieur (q_{II})** : Il est localisé au niveau de la bordure Sud de la nappe et est formé d'argiles et de sables rouges, avec souvent de petites poupées blanches, parfois amalgamées en "croûtes".

- **Le Pliocène** : Les dépôts pliocènes de la région de l'Oued Guéniche sont représentés par deux formations superposées qui sont les grés de Porto Farina et les marnes de Raf Raf. Ces assises pliocènes caractérisent un cycle unique succédant à la régression vindobo-pontienne et précédant les couches continentales ou lacustres du villafranchien. Elles correspondent donc au Pliocène sous ses deux faciès plaisancien et astien :

* **Les grés de Porto-Farina (P_I^b)** : Ils représentent le faciès astien passant localement au sommet au Villafranchien. Ce faciès est formé de sable jaune puissant à riche faune d'huîtres, de pectinidés et de mollusques, passant vers le sommet à des sables continentaux et à un limon d'âge villafranchien.

* **Les marnes de Raf Raf (P_I^a)** : Ils représentent le faciès plaisancien. Il s'agit d'un ensemble argilo-marneux puissant débutant souvent par un conglomérat de base et reposant en discordance sur les terrains plus anciens.

- **Flysch du Kechabta (M_b^2)** : Il s'agit d'alternances de marnes et de bancs gréseux fins montrant un équilibre entre la subsidence et la sédimentation, avec généralement des conditions de sédimentation profonde. Les fossiles sont très rares, néritiques ou terrestres.

VI- Géologie en profondeur

VI-1- Données des sondages mécaniques

La plaine de l'oued Guéniche est une cuvette faisant partie du grand effondrement des lacs de Bizerte et de l'Ichkeul.

Plusieurs sondages ont été réalisés au niveau de cette plaine (Ennabli, 1966). Les données obtenues à partir de ces sondages montrent que :

- La cuvette est comblée par des sédiments quaternaires essentiellement représentés par des sables, des argiles, des grés et des calcaires d'origine marine ou lacustre. Les sables et les grés sont souvent coquillés et parfois éoliens (dunes de Metline) avec des alluvions et des limons récents.

- La puissance de ces alluvions est importante. Les sondages mécaniques ont permis l'exploration de ces formations sur une profondeur comprise entre 200 et 300 m.

- La série quaternaire est d'allure lenticulaire ou imbriquée avec des passages latéraux de faciès très fréquents.

VI-2- Données de prospection électrique

La prospection électrique effectuée dans le cadre de l'étude hydrogéologique de la nappe de l'Oued Guéniche (Haj Ltaief, 1995) avait pour but de déterminer la nature lithologique et la puissance des formations qui ne sont pas observables en surface. Ceci avait permis de compléter les observations faites à partir des affleurements et des sondages mécaniques et de préciser la structure en profondeur de la plaine.

La méthode de prospection électrique repose sur le principe de l'étude des variations de la conductivité des roches et leur aptitude à véhiculer le courant électrique. Pour plus de commodité, la résistivité, qui est l'inverse de la conductivité, est utilisée en général, d'où le nom de méthode de résistivité.

La campagne de prospection électrique réalisée dans la plaine de l'Oued Guéniche a couvert la plus grande partie de la plaine. Les sondages électriques effectués sont au nombre de 344 et se répartissent sur plusieurs profils et suivant une seule longueur de ligne AB = 1500 m. L'interprétation de cette prospection électrique a été faite à la lumière des coupes lithologiques et des forages existants dont certains sont utilisés comme étalons (Haj Ltaief, 1995).

VI-3- Corrélations lithostratigraphiques

La structure en profondeur de la plaine de l'Oued Guéniche a été analysée à travers les corrélations lithostratigraphiques établies en se référant aux données de la prospection électrique, aux données des sondages mécaniques ainsi qu'aux données géologiques de surface (Haj Ltaief, 1995). Six coupes lithostratigraphiques AA', BB', CC', DD', EE' et FF', ont pu ainsi être dressées au niveau de la zone d'étude (fig. 54). Les figures 55, 56, 57, 58, 59, et 60 représentent ces coupes.

Les résultats géologiques et hydrogéologiques obtenus peuvent être récapitulés comme suit :

- Les corrélations géoélectriques à travers la plaine montrent que celle-ci correspond à une cuvette effondrée sous l'effet de deux accidents majeurs de direction E.O. et S.O.-N.E.

- Les formations géologiques susceptibles d'être aquifères sont représentées par des sables, des grés et des calcaires. Ces formations perméables sont plus ou moins séparées par des intercalations argileuses dont l'épaisseur est variable.

- Les aquifères, phréatique et profond, sont limités au Sud par une discontinuité géoélectrique de direction E.O. les séparant des formations géologiques du Jebel Kéchabta. A l'Est, ils sont également limités par une deuxième discontinuité géoélectrique de direction S.O.-N.E. les séparant des formations secondaires et tertiaires affleurant sur les bordures.

Troisième Partie - Chapitre I (Cadre général de la nappe de l'Oued Guéniche)

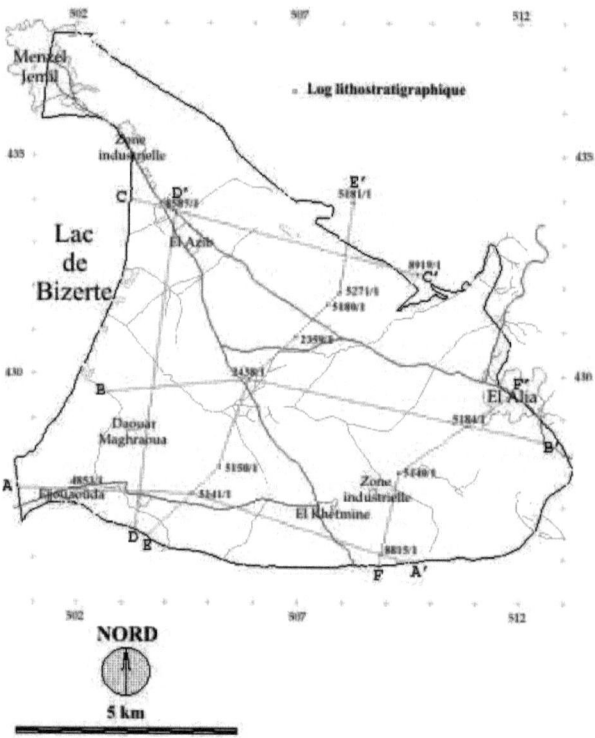

Fig. 54 : Coupes lithostratigraphiques AA', BB', CC', DD', EE' et FF', établies au niveau de la nappe de l'Oued Guéniche (Haj Ltaief, 1995)

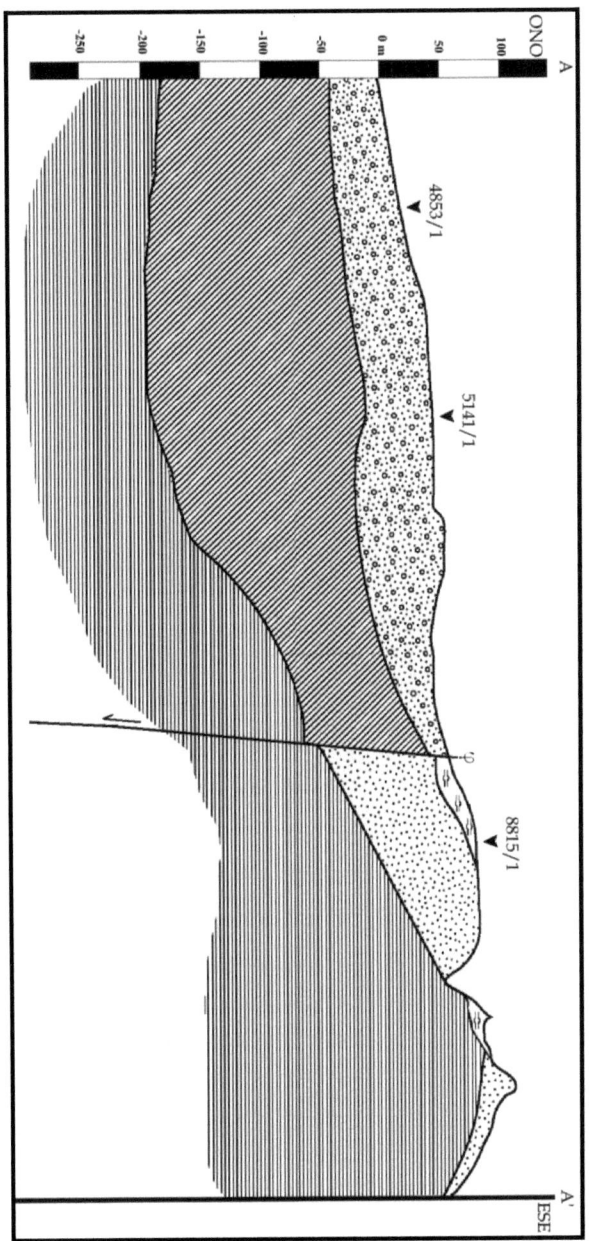

Fig. 55 : Coupe AA' établie au niveau de la nappe de l'Oued Guéniche (Haj Ltaief, 1995)

Troisième Partie - Chapitre I (Cadre général de la nappe de l'Oued Guéniche)

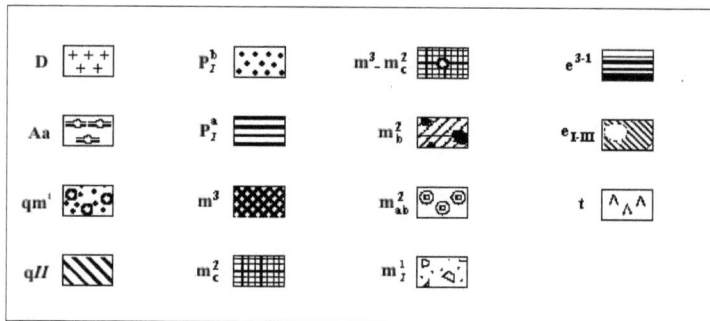

D : Dunes (sables fins) ;

Aa : Sols anciens et éboulis ;

qm^1 : Quaternaire marin et dunes anciennes ;

q$_{II}$: Dépôts de plage et cordons littoraux ;

p$_I^b$: Grès de Porto Farina ;

p$_I^a$: Marnes de Raf Raf ;

m^3 : Pontien ;

m$_c^2$: Marnes de l'oued Bel Khedim ;

m$_b^2$: Flysch du Kechabta ;

m$_{ab}^2$: Zone de transition du Flysch

m$_I^1$: Miocène inférueur ;

e$^{3-1}$: Eocène supérieur ;

e$_{I-III}$: Clacaire éocène

t : Trias

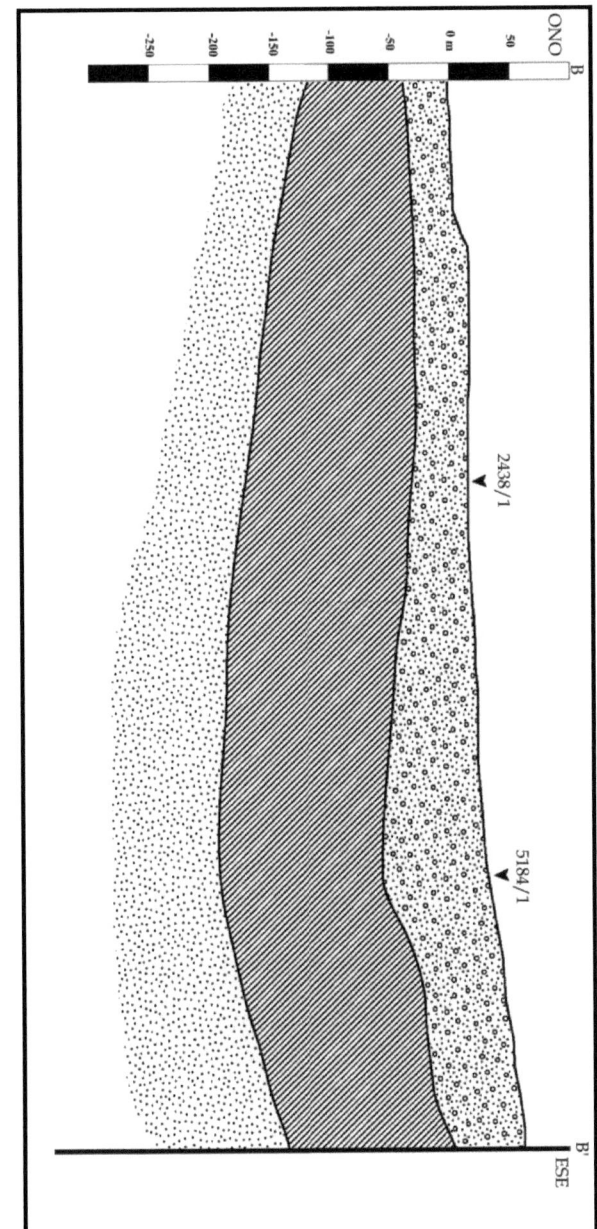

Fig. 56 : Coupe BB' établie au niveau de la nappe de l'Oued Guéniche (Haj Ltaief, 1995)

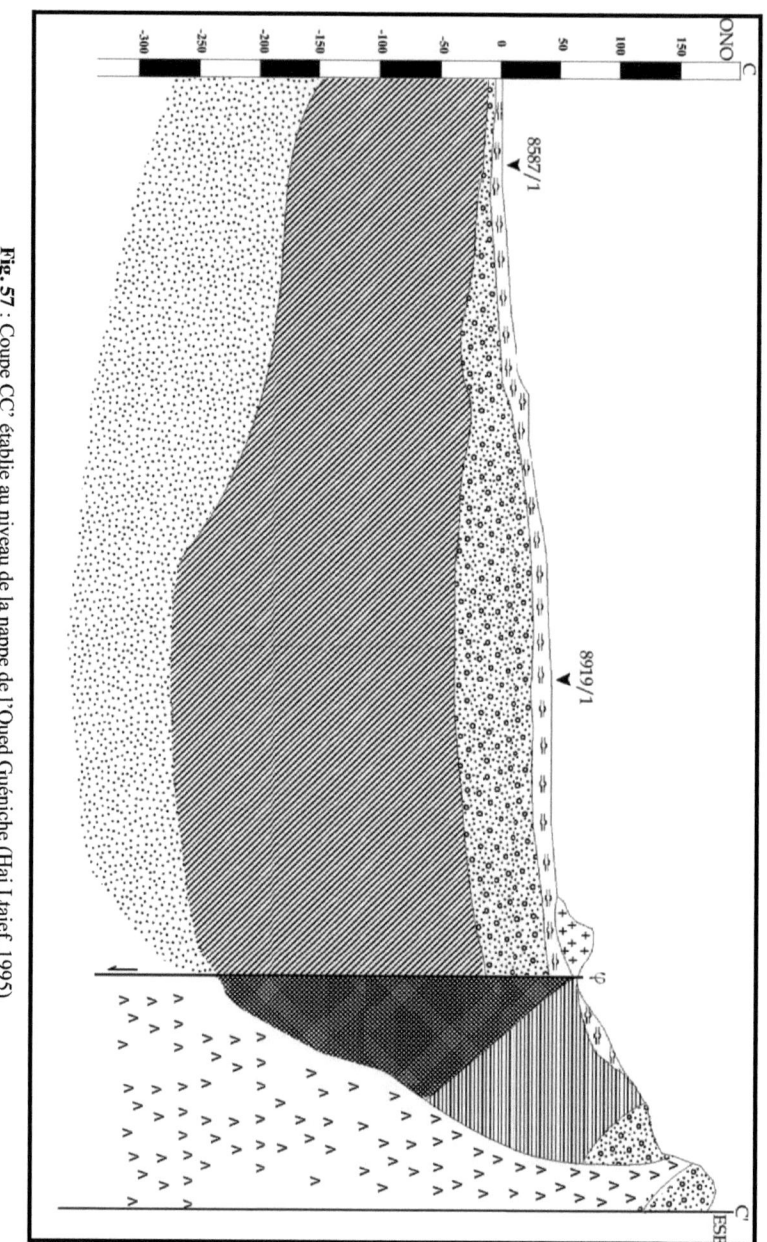

Fig. 57 : Coupe CC' établie au niveau de la nappe de l'Oued Guéniche (Haj Ltaief, 1995)

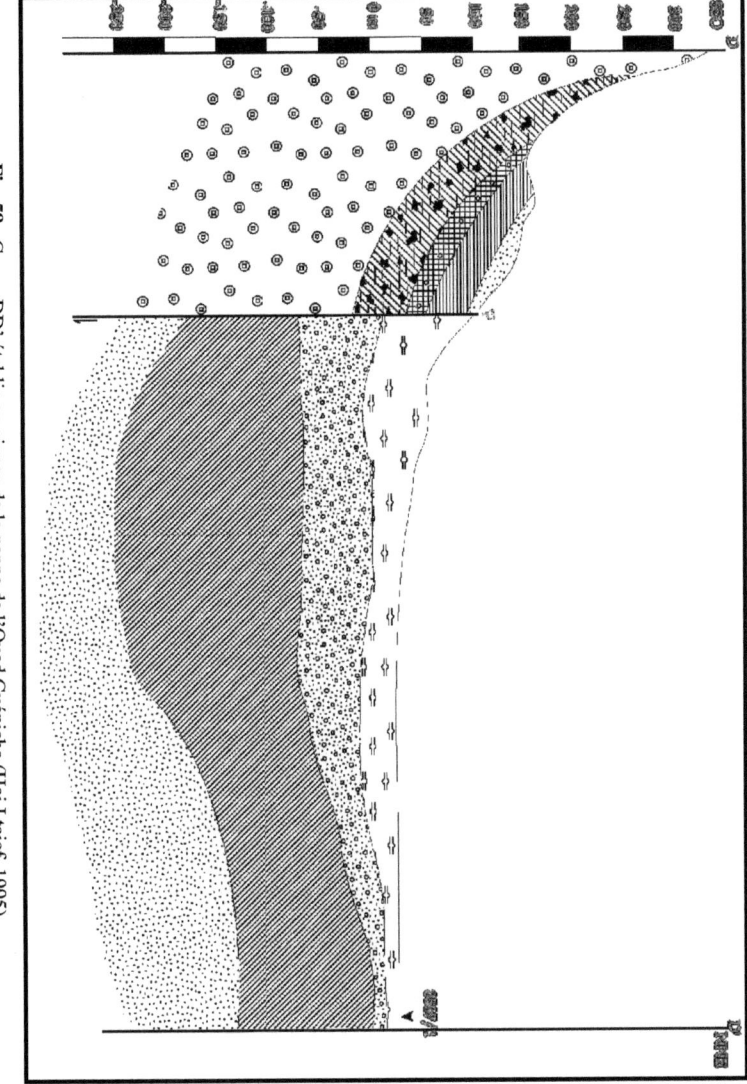

Fig. 58 : Coupe DD' établie au niveau de la nappe de l'Oued Guéniche (Haj Ltaief, 1995)

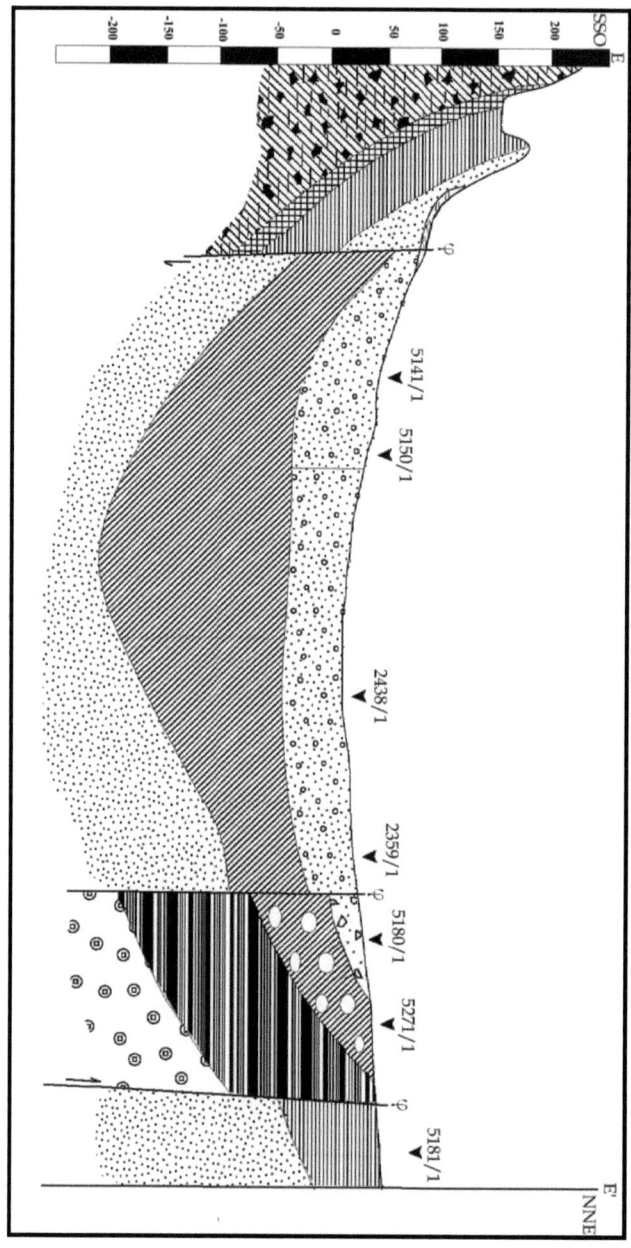

Fig. 59 : Coupe EE' établie au niveau de la nappe de l'Oued Guéniche (Haj Ltaief, 1995)

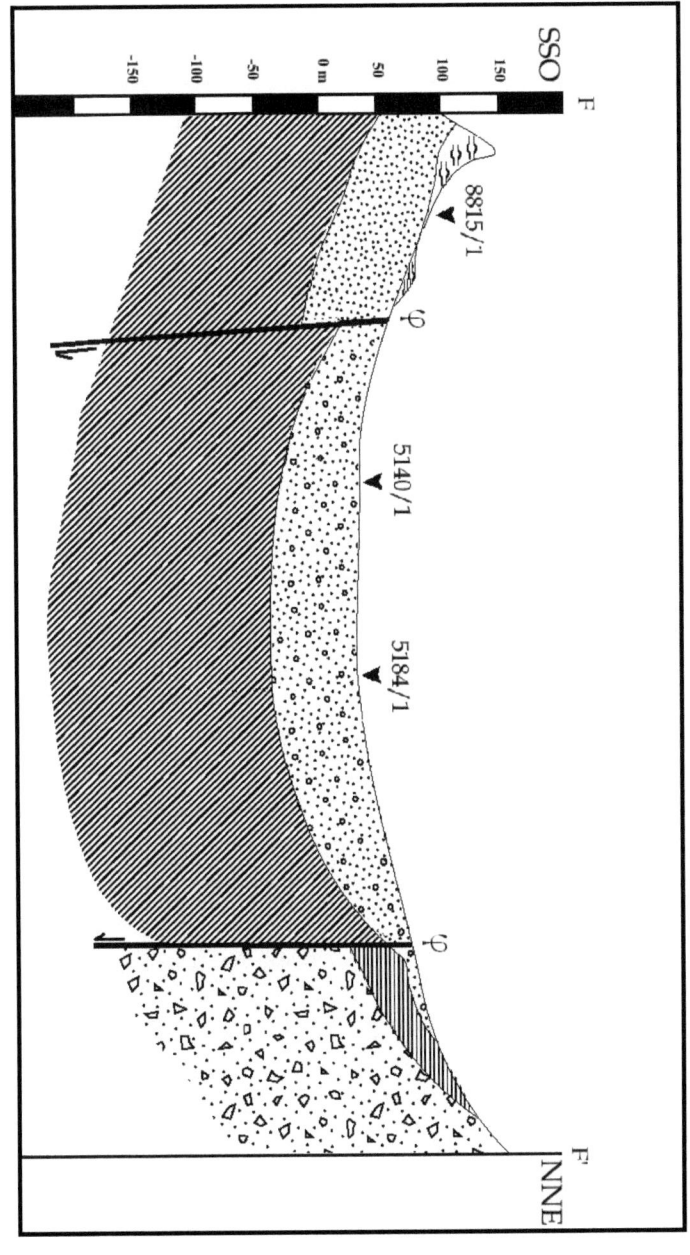

Fig. 60 : Coupe FF' établie au niveau de la nappe de l'Oued Guéniche (Haj Ltaief, 1995)

- Des variations latérales de résistivités correspondant à des variations latérales de faciès, traduisent le caractère lenticulaire des formations lithostratigraphiques de cette cuvette. Les variations latérales de faciès sont particulièrement observables sur les coupes de forages.

VII- Caractéristiques hydrogéologiques

Les études géologiques et géophysiques ainsi que les sondages réalisés dans le bassin versant de la plaine de l'Oued Guéniche, ont mis en évidence la présence d'une entité hydrogéologique dans le remplissage plio-quaternaire de la cuvette, contenue dans plusieurs horizons lithologiques, et dont l'importance est liée à plusieurs facteurs tels que la nature lithologique, l'extension et l'épaisseur des formations. Ces horizons aquifères semblent communiquer entre eux, soit par les assises faiblement perméables qui les séparent, soit par les accidents structuraux.

La profondeur de ces horizons aquifères, permet de les classer en deux principales nappes qui sont :
- La nappe phréatique dont la surface piézométrique libre est à faible profondeur du sol. Elle est exploitée par des puits de surface. Cette nappe a fait l'objet d'une étude hydrogéologique réalisée par Ennabli (1966) et par Haj Ltaief (1995).
- La nappe profonde, artésienne par endroits, dont l'étude n'a été abordée que par l'intermédiaire des forages réalisés dans la région (Haj Ltaief, 1995).

Nous évoquerons dans ce qui suit les principales caractéristiques hydrogéologiques de la nappe phréatique qui sera l'objet d'une étude de la vulnérabilité à la pollution.

VII-1- Formation aquifère

L'examen des niveaux aquifères recoupés par les sondages mécaniques montre que la nappe phréatique se limite aux 40 premiers mètres. Une puissance de 30 m de la nappe phréatique semble une estimation acceptable (Ennabli, 1966).

VII-2- Piézométrie

La carte piézométrique de la nappe (fig. 61) a été dressée à partir des données des niveaux statiques d'environ 100 puits de surface, dont certains sont mesurés en 2002 et d'autres en 1993, en supposant que le niveau piézométrique n'a pas beaucoup varié de 1993 à 2002. Sur cette carte, on constate l'existence de deux zones à écoulement divergeant (Hariza, Henchir Caïd ed-Dar, Sidi Bou Zitouna, Sidi Salah Bou Chouata), et de deux autres zones à écoulement convergent (Bir et-Touta, Ain el Barbaka). La comparaison de cette carte à celle établie par Ennabli (1966) montre que le schéma général d'écoulement n'a pas varié dans le temps et que les fluctuations ne sont pas différentes dans les zones de drainage que dans les

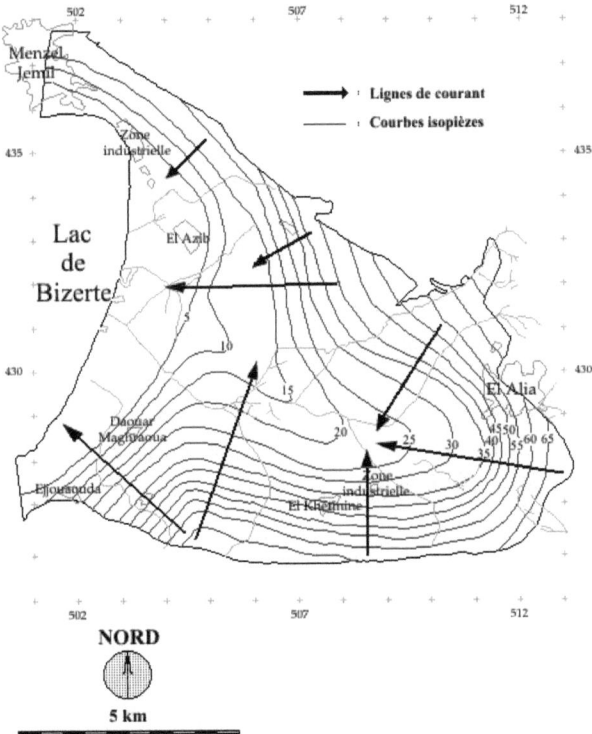

Fig. 61 : Carte piézométrique de la nappe phréatique de l'Oued Guéniche

autres secteurs de la nappe. La nappe réagit donc d'une façon homogène aux déficits et aux excédents d'alimentation.

Le tracé des courbes isopièzes permet de préciser : Les sens de l'écoulement des eaux souterraines, la variation du gradient hydraulique d'une zone à l'autre et la localisation des zones d'alimentation et de drainage.

VII-2-1- Sens d'écoulement de la nappe

Les axes d'écoulement souterrain sont matérialisés par les filets liquides, donc par la droite de plus grande pente tracée sur les isopièzes perpendiculairement à celles-ci. Le sens d'écoulement, déduit des courbes piézométriques, est indiqué par une flèche.

Les sens d'écoulement ainsi établis fournissent des renseignements sur les particularités de l'écoulement de la nappe de l'Oued Guéniche. En effet, l'écoulement de cette nappe se fait des zones périphériques de la plaine (amont piézométrique) vers le lac de Bizerte (aval piézométrique). L'écoulement ne se fait pas directement vers le lac de Bizerte mais vers une zone centrale au milieu de la plaine vers laquelle convergent les eaux des zones périphériques avant de s'écouler vers le lac de Bizerte.

VII-2-2- Gradients hydrauliques

L'espacement des courbes isopièzes varie dans la direction de l'écoulement. Cette variation est fonction de la perméabilité et traduit l'évolution du gradient hydraulique.

Les gradients hydrauliques varient à travers la plaine de l'Oued Guéniche de 3,5 ‰ dans la cuvette centrale à 15 ‰ pour le reste de la plaine. Le gradient hydraulique atteint 35 ‰ sur les hauteurs limitant la plaine vers le Sud. Cette variation du gradient hydraulique permet de distinguer à travers la plaine de l'Oued Guéniche trois zones qui sont :

- La zone amont ou zone d'alimentation ceinturant la plaine au Sud, Sud-Est et Nord-Est : Dans cette zone, les lignes isopiézométriques sont concentriques et de plus en plus espacées à mesure qu'on descend des hauteurs périphériques vers les zones basses de la plaine.

- La zone occidentale ou aval de la plaine : Dans cette zone les lignes isopiézométriques sont régulières et en général parallèles à la bordure du lac de Bizerte. Ces courbes sont cependant plus espacées dans la zone centrale drainée par l'Oued Guéniche que dans les deux régions localisées au Nord d'El Azib et au Sud de Henchir El Menni.

- La zone centrale de la plaine limitée par la courbe isopièze 15 m et ayant pour centre Ain Er Rassâa et Bir et-Touta, et où la route nationale de Bizerte-Tunis traverse l'Oued Guéniche et son affluent l'Oued El Hella. C'est vers cette zone basse que convergent les eaux de la partie orientale de la plaine drainées par l'Oued Guéniche ainsi que les eaux de certains canaux d'assainissement avant de s'écouler vers le lac de Bizerte.

VII-2-3- Zones d'alimentation

L'alimentation de la nappe de l'Oued Guéniche se ferait à partir :

- des affleurements pliocènes et quaternaires limitant le bassin versant localisés au niveau des hauteurs d'El Alia, des dunes du Nord, de Jebel Nacherine, des versants Nord du Jebel Kechabta et Jebel Mansour;
- des infiltrations directes sur la totalité de la plaine.

Troisième Partie
Deuxième Chapitre

Application de la méthode DRASTIC, en ses deux versions standard et pesticides, à la nappe de l'Oued Guéniche

Application de la méthode DRASTIC, en ses deux versions standard et pesticides, à la nappe d'Oued Guéniche

I- Elaboration des cartes paramétriques DRASTIC
I-1- Carte de la profondeur du plan d'eau

Les données utilisées dans l'établissement de la carte du paramètre profondeur du plan d'eau de l'aquifère (**D** = Depth to water) sont les suivantes :

- Les mesures des niveaux piézométriques enregistrées en 2002 par les services de la DGRE dans 21 puits de la région et à partir desquelles les valeurs correspondantes de la profondeur du plan d'eau ont été déduites.

- Les mesures de profondeur du plan d'eau enregistrées en 1995 par Gilson dans le cadre de son enquête hydropédologique effectuée dans l'aire du périmètre irrigué de Menzel Jemil - El Alia.

- Les mesures de profondeur du plan d'eau enregistrées par Haj Lataief en 1993 dans le cadre de son étude hydrogéologique de la nappe de l'Oued Guéniche.

L'étude de l'évolution dans le temps de la profondeur du plan d'eau dans les différentes zones de la nappe a été établie en comparant les mesures enregistrées en 1993 et en 1995 avec celles enregistrées en 2002. En effet, à partir de l'inventaire effectué en 1993, nous avons pu estimer les valeurs approximatives de profondeur du plan d'eau relatives à 2002 dans 58 puits localisés dans la partie Nord de la nappe. De même, à partir de l'inventaire établi en 1995, nous avons pu estimer les valeurs approximatives de profondeur du plan d'eau relatives à 2002 dans 43 autres puits répartis dans le périmètre irrigué de Menzel Jemil - El Alia.

L'ensemble des valeurs de profondeur du plan d'eau mesurées et estimées a été interpolé sur la totalité de la surface de la nappe, et par la suite un classement selon la méthode DRASTIC a été effectué (voir techniques des SIG utilisées en annexe I). La carte obtenue (fig. 62) montre 3 classes de profondeur du plan d'eau : 1,5 – 4,5, 4,5 – 9 et 9 – 15 m dont les cotes DRASTIC correspondantes sont respectivement 9, 7 et 5.

La carte de la profondeur du plan d'eau ainsi établie permet de faire les constations suivantes :

- la plus grande partie de la nappe est caractérisée par une profondeur du plan d'eau inférieure à 9 m.

- les zones ayant une profondeur du plan d'eau supérieure à 9 m, et pouvant atteindre parfois 15 m, sont localisées surtout dans les zones situées dans les bordures Est et Sud de la plaine.

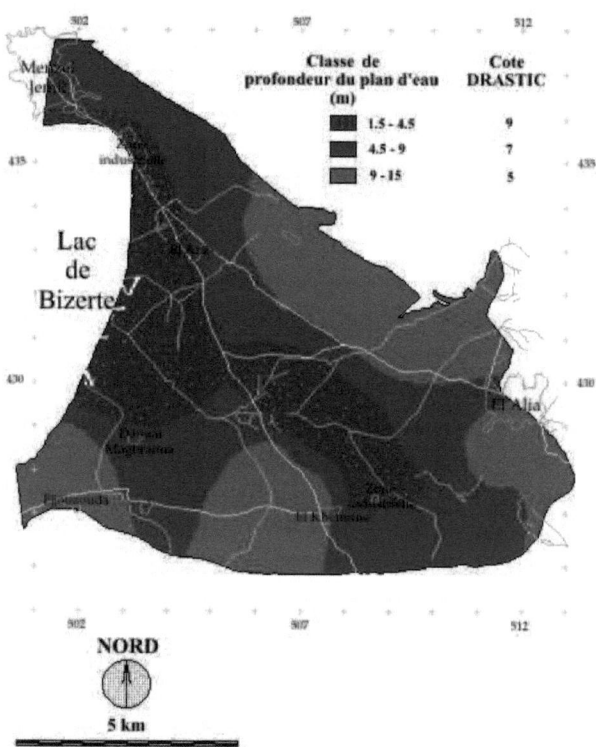

Fig. 62 : Carte de la profondeur du plan d'eau de la nappe de l'Oued Guéniche
(méthode DRASTIC)

Ceci traduit la structure en cuvette de la plaine et l'aspect plus ou moins fermé de la nappe.

I-2- Carte de la recharge nette de l'aquifère

La recharge nette R, est calculée dans la zone d'étude en utilisant les équations de Williams et Kissel (1991), dont chacune correspond à un groupe hydrologique du sol bien déterminé :

$R = (P - 10,28)^2/(P + 15,43) \rightarrow$ groupe hydrologique A.

$R = (P - 15,05)^2/(P + 22,57) \rightarrow$ groupe hydrologique B.

$R = (P - 19,53)^2/(P + 29,29) \rightarrow$ groupe hydrologique C.

$R = (P - 22,67)^2/(P + 34,00) \rightarrow$ groupe hydrologique D.

où P est la pluviométrie et l'irrigation annuelles, exprimées en inch.

Les groupes hydrologiques des sols ont été extraits à partir de la carte pédologique de la zone d'étude que nous avons établi en se basant sur deux études pédologiques effectuées dans la zone d'étude : la première étude couvre toute la superficie de la nappe excepté sa partie Nord (Le Floc'h, 1959), la deuxième, est réalisée dans le cadre d'une enquête hydropédologique sur les zones à risque des futurs périmètres irrigués de Menzel Jemil - El Alia (Gilson, 1995). Dans l'étude de Le Floc'h, des mesures de conductivité hydraulique ont été effectuées au niveau des sols, ce qui a énormément facilité le classement des sols dans les groupes hydrologiques convenables. L'étude de Gilson, utilisé pour identifier la nature des sols au nord de la nappe (zone qui n'a pas été couverte par l'étude de Le Floc'h), classe les sols en 3 classes de drainage superficiel : bon drainage, drainage moyen et mauvais drainage, ce qui a également facilité le classement des sols dans les groupes hydrologiques adéquats.

Les sols de la zone d'étude identifiés à partir des deux études précédentes appartiennent aux groupes hydrologiques B, C et D. Le groupe hydrologique B englobe les sols sableux perméables, les sols bruts d'apport marin, les sols éoliens, les sols sableux, les plages actuelles et les cordons littoraux et les dunes mouvantes sableuses. Quant au groupe hydrologique C il englobe les sols bruns calcaires moyennement perméables, les sols rouges tempérés et les sols bruns calcaires sableux perméables. Enfin, le groupe hydrologique D englobe les sols des périmètres urbains, les sols hydromorphes, les sols à alcalis salés très peu perméables en profondeur, les sols hydromorphes perméables en surface et peu perméables en profondeur, les sols alluviaux à texture moyenne ou fine, peu perméables dès la surface, et les sols bruns calcaires hydromorphes ou non, sur croûte calcaire.

Les données pluviométriques utilisées dans le calcul de la recharge nette sont celles extraites à partir de la carte pluviométrique de la nappe déjà établie et présentée précédemment (fig. 52). Le volume annuel d'eau utilisé dans l'irrigation à partir des eaux des puits de surface (10.5 millions de m^3, soit l'équivalent de 126.3 mm/an), le volume annuel d'eau provenant de l'irrigation à partir de la nappe profonde à partir de 23 forages répartis dans la zone d'étude (3.9 millions de m^3, soit l'équivalent de 46.94 mm/an), ainsi que le volume annuel d'eau utilisé dans l'irrigation du périmètre irrigué de Menzel Jemil - El Alia occupant une superficie de 28.29 km^2 (fig. 63) (1.4 millions de m^3, soit l'équivalent de 49.48 mm/an), ont été tous ajoutés à la pluviométrie dans le calcul de la recharge efficace de l'aquifère (voir techniques des SIG utilisées en annexe I).

La carte de recharge nette obtenue montre des valeurs de recharge nette allant de 1 à 142 mm. Elle a été classée selon la méthode DRASTIC en trois classes : 0 - 50 mm ; 50 - 100 mm et 100 - 180 mm, dont les cotes respectives sont de 1, de 3 et de 6 (fig. 64). La classe de recharge nette 0 - 50 mm couvre 84 % de la superficie de la nappe, la classe de recharge 50 - 100 mm ne couvre que 8 %, de même pour la classe 100 - 180 mm.

I-3- Carte lithologique de l'aquifère

L'établissement de la carte lithologique de l'aquifère a tout d'abord nécessité la délimitation de la zone saturée en se basant sur les données de profondeur du plan d'eau, et par la suite l'utilisation des six coupes lithostratigraphiques établies entre 13 forages répartis dans la superficie de la nappe (Haj Ltaief, 1995) (fig. 54). Ces coupes, qui ont été réalisées en se basant sur les résultats d'une campagne de prospection électrique, sont les suivantes :

* Coupe AA' : coupe de direction O.N.O.-E.S.E., elle débute au niveau des affleurements de Henchir El Menni à l'Ouest et se termine au niveau des affleurements de Jebel Touibia à l'Est.
* Coupe BB' : coupe orientée O.N.O.-E.S.E., elle est située au centre de la cuvette.
* Coupe CC' : coupe de direction O.N.O.-E.S.E., elle débute au niveau des affleurements d'El Azib et se termine au N.E. d'El Alia au niveau des affleurements triasiques de Jebel Ez Zoghba.
* Coupe DD' : coupe de direction S.S.O.-N.N.E., elle débute au niveau des affleurements mio-pliocènes de l'anticlinal du Kéchabta et se termine au niveau de ceux d'El Azib.
* Coupe EE' : coupe de direction S.S.O.-N.N.E., elle passe des affleurements mio-pliocènes de Jebel Kéchabta au Sud, à ceux de Henchir Caïd Ed Dar au Nord.
* Coupe FF' : coupe est orientée S.S.O.-N.N.E.

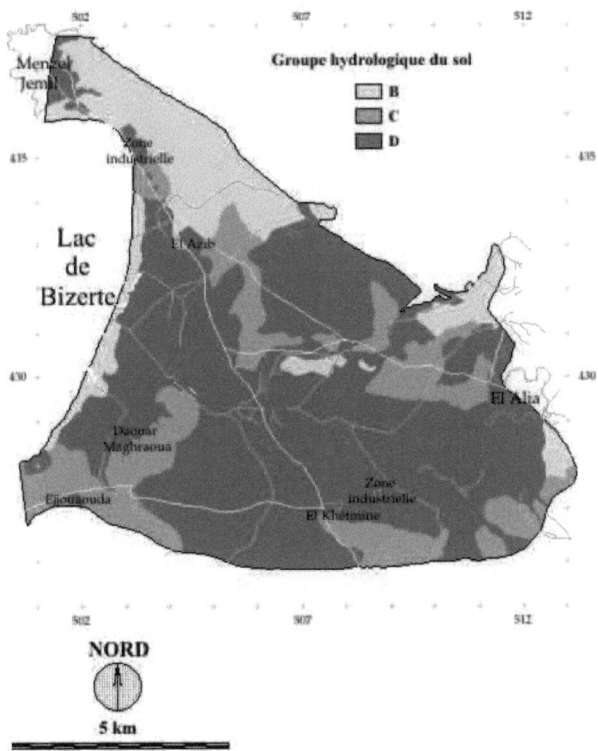

Fig. 63 : Carte des groupes hydrologiques des sols de la nappe de l'Oued Guéniche

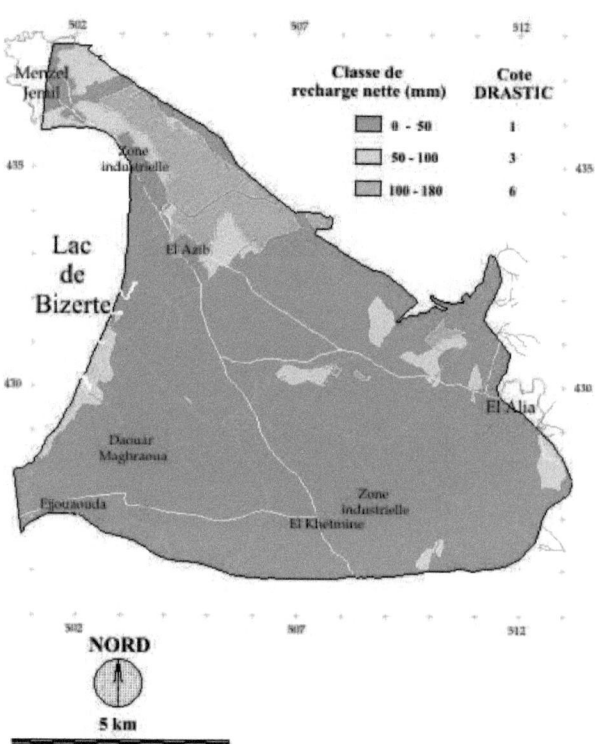

Fig. 64 : Carte de la recharge nette de la nappe d'Oued Guéniche
(méthode DRASTIC)

Il est à noter que nous avons établi dans le cadre de cette étude de nouvelles corrélations lithostratigraphiques plus détaillées que les corrélations sommaires établies dans l'étude de Haj Ltaief (1995). Le détail de ces corrélations s'est basé sur les valeurs de résistivité électrique déterminées lors de l'étude précédente. Ces corrélations améliorées sont représentées au niveau des figures 65, 66, 67, 68, 69 et 70. D'autre part, nous nous sommes servi de la carte sommaire de la conductivité hydraulique de l'aquifère établie par Ennabli (1966) pour estimer la lithologie de l'aquifère dans certaines zones qui n'ont pas été couvertes par l'étude de Haj Ltaief, à savoir les zones situées au Nord du village d'El Azib et se poursuivant jusqu'à la ville de Menzel Jemil. Cette estimation s'est basée sur les travaux de Rodríguez et al. (2001) (tab. 32).

L'ensemble de ces données nous a permis d'établir une carte lithologique de l'aquifère pour l'ensemble de la zone d'étude (fig. 71) (voir techniques des SIG utilisées en annexe I). Cette carte montrant la présence de 19 classes lithologiques différentes, a été reclassée en 5 classes selon la méthode DRASTIC (fig. 72).

I-4- Carte pédologique
I-4-1- Données pédologiques utilisées

Deux études pédologiques effectuées dans la zone d'étude ont été utilisées pour l'élaboration de la carte pédologique DRASTIC. La première étude effectuée par Le Floc'h (1959) couvre la plus grande partie de la superficie de la nappe. Quant à la partie située à l'extrême Nord de la nappe, et qui n'a pas été couverte par l'étude précédente, nous avons utilisé une deuxième étude effectuée par Gilson (1995) lors de son enquête hydropédologique sur les zones à risque des futurs périmètres irrigués de Menzel Jemil-El Alia.

L'étude pédologique de la bordure sud du lac de Bizerte effectuée par Le Floc'h avait pour objet la détermination, en fonction de la nature des sols, des aptitudes agricoles de la région. Dans cette étude, plus de 60 profils pédologiques ont été réalisés dans la zone relative à la nappe de l'Oued Guéniche (fig. 73). L'étude pédologique proprement dite a été complétée par une campagne de perméabilité qui a porté sur l'ensemble des sols de la région. Les résultats obtenus se présentent sous forme de coefficients de perméabilité k exprimés en m/s. Trois cartes à l'échelle 1/50.000 ont été établies lors de cette étude : la carte pédologique, la carte de classification des sols en fonction de leurs aptitudes aux cultures irriguées, et la carte de classification des sols en fonction de leurs aptitudes en cultures sèches. D'après les résultats de la campagne de perméabilité, on peut tirer les conclusions suivantes :
- Les sols alluviaux sont généralement perméables à peu perméables dans leurs horizons supérieurs, et peu perméables à imperméables en profondeur. Les profils 252, 242 et 244 sont

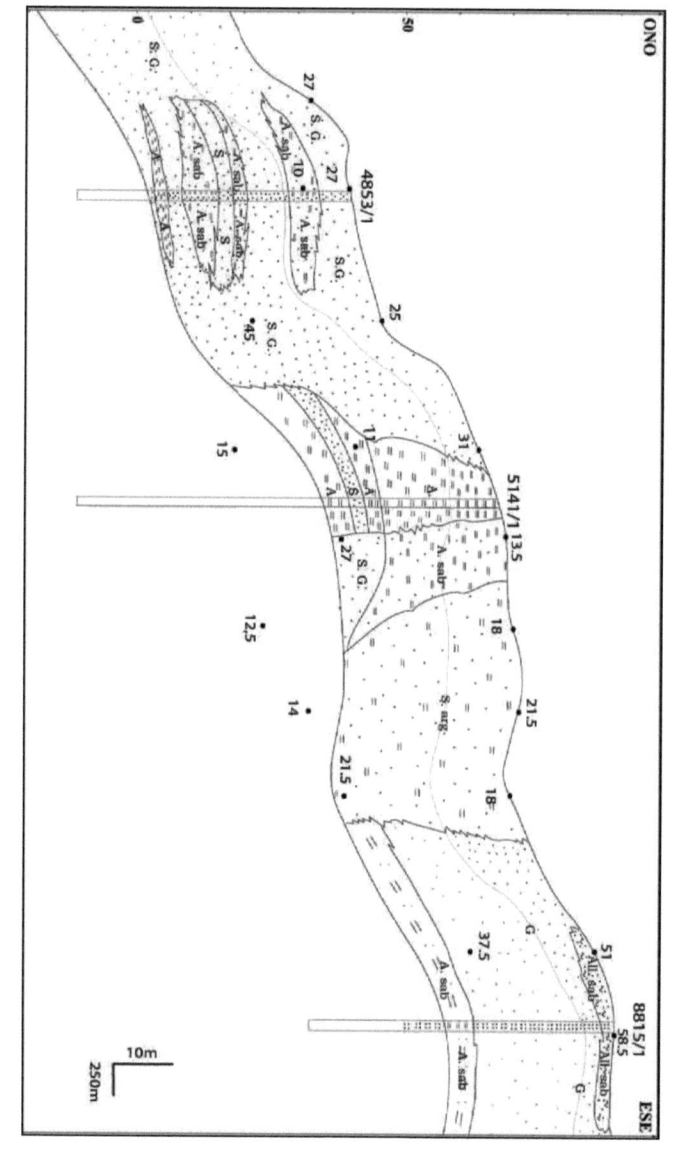

Fig. 65 : Corrélation lithostratigraphique de direction ONO/ESE entre les logs 4851/1, 5141/1 et 8815/1, montrant l'étendue et la lithologie de la zone vadose et de la zone saturée à ce niveau de la nappe de l'Oued Guéniche

A : argile, **A. sab** : Argile sableuse, **S** : Sable, **S. arg** : Sable argileux, **All. Sab** : Alluvions sableuses, **G** : Grès, **S. G.** : Sable et grès.
• : Mesure de résistivité électrique (Ohm.m)

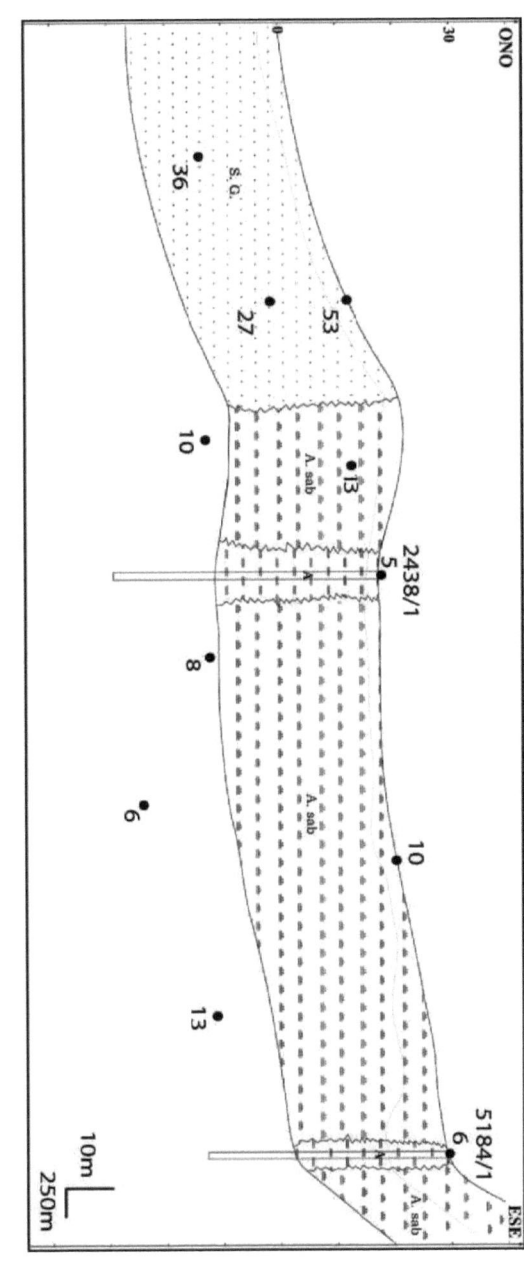

Fig. 66 : Corrélation lithostratigraphique de direction ONO/ESE entre les logs 2438/1 et 5184/1, montrant l'étendue et la lithologie de la zone vadose et de la zone saturée à ce niveau de la nappe de l'Oued Guéniche

A : argile, **A. sab** : Argile sableuse, **S. G.** : Sable et grès.
• : Mesure de résistivité électrique (Ohm.m)

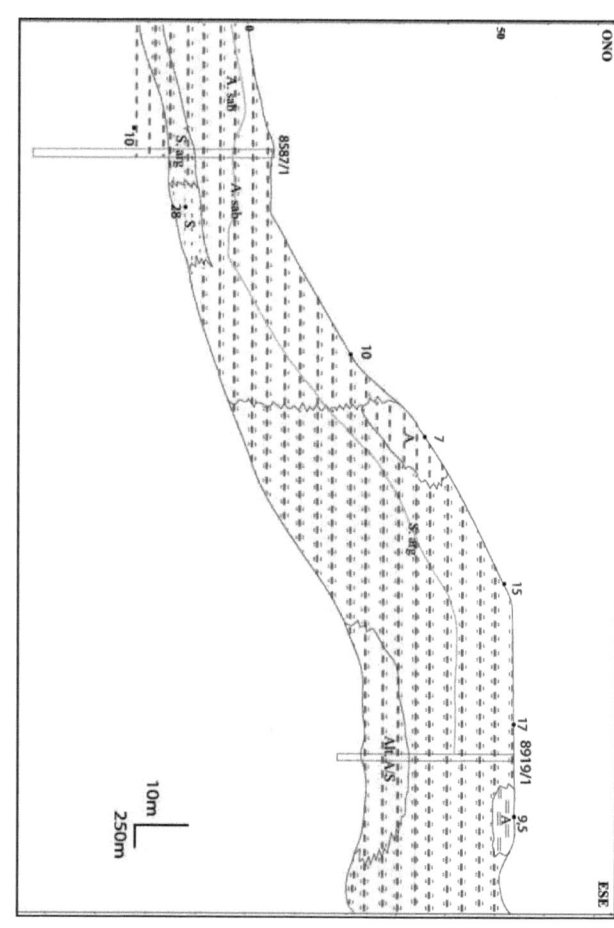

Fig. 67 : Corrélations lithostratigraphiques de direction ONO/ESE entre les logs 8587/1 et 8919/1 montrant l'étendue et la lithologie de la zone vadose et de la zone saturée à ce niveau de la nappe de l'Oued Guéniche

A : argile, **A. sab** : Argile sableuse, **S. arg** : Sable argileux , **S** : Sable.
● : Mesure de résistivité électrique (Ohm.m)

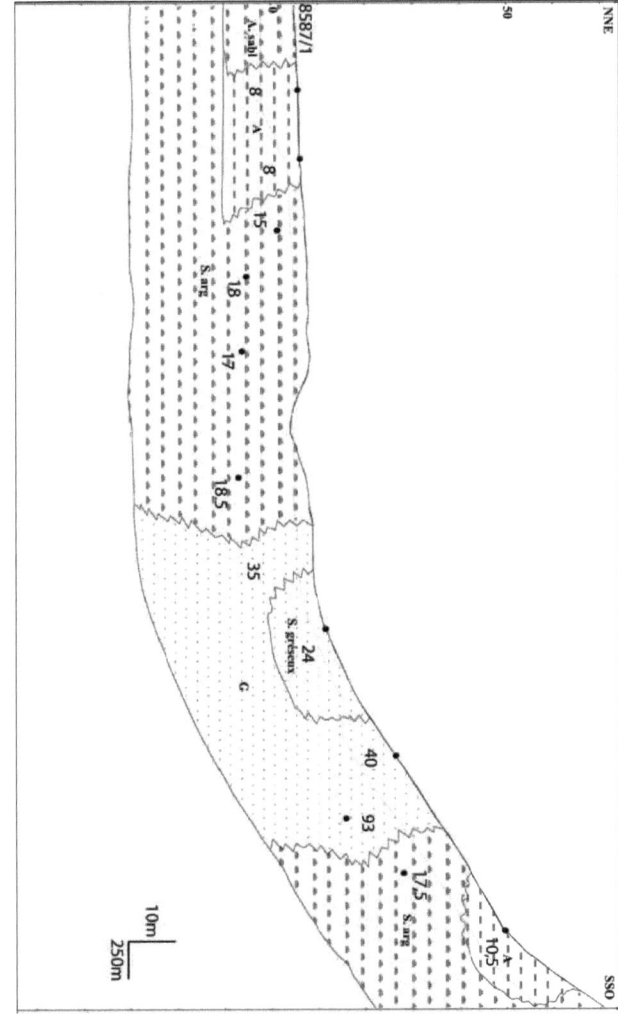

Fig. 68 : Corrélation de direction NNE/SSO entre le log 8587/1 et des mesures de résistivité électrique, montrant l'étendue et la lithologie de la zone vadose et de la zone saturée à ce niveau de la nappe de l'Oued Guéniche

A : argile, **A. sab** : Argile sableuse, **S. arg** : Sable argileux, **S. gréseux** : Sable gréseux, **G** : Grès,
• : Mesure de résistivité électrique (Ohm.m)

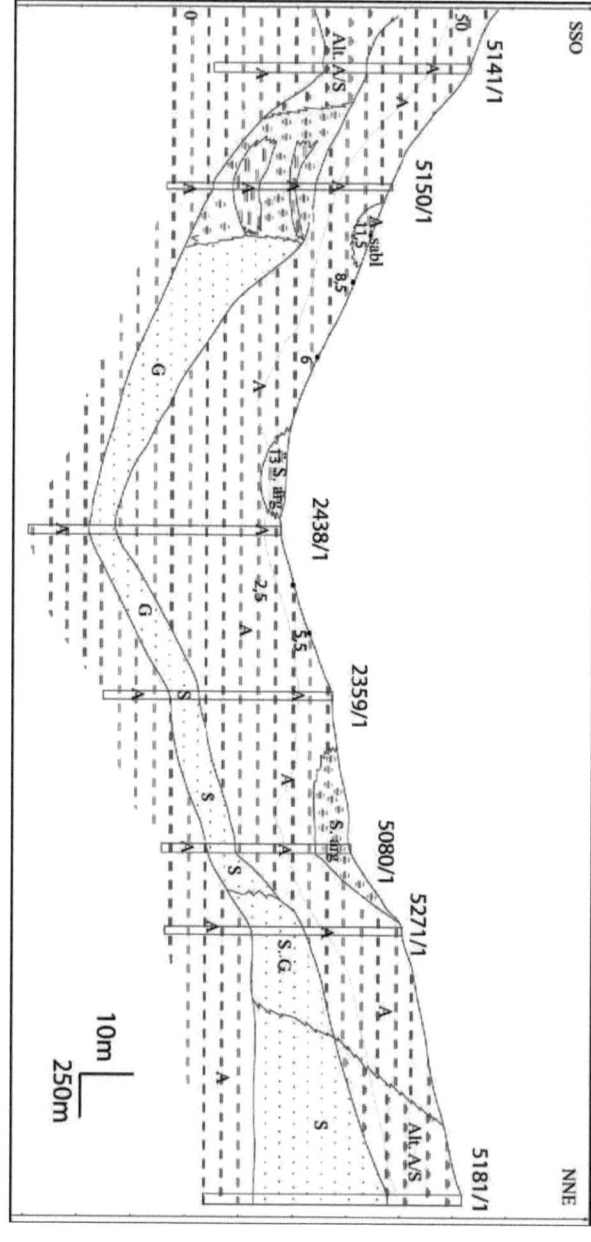

Fig. 69 : Corrélation lithostratigraphique de direction SSO/NNE entre les logs 5141/1, 5150/1, 2438/1, 2359/1, 5080/1, 5271/1 et 5181/1, montrant l'étendue et la lithologie de la zone vadose et de la zone saturée à ce niveau de la nappe de l'Oued Guéniche

A : argile, **A. sabl** : Argile sableuse, **Alt. A/S** : Alternances de sable et d'argile, **S. arg** : Sable argileux, **S** : Sable, **G** : Grès, **S.G.** : Sable et grès,
• : Mesure de résistivité électrique (Ohm.m)

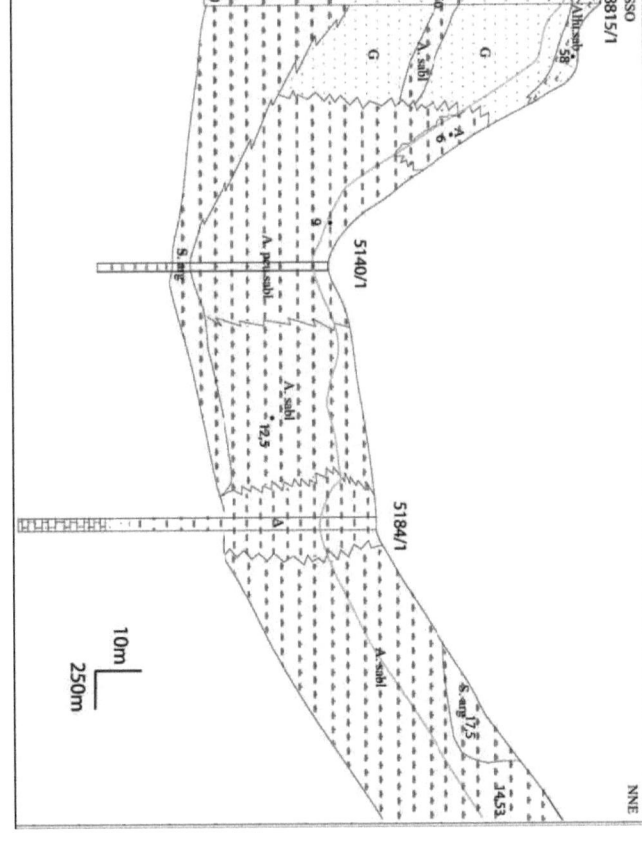

Fig. 70 : Corrélation lithostratigraphique de direction SSO/NNE entre les logs 8815/1, 5140/1 et 5184/1 montrant l'étendue et la lithologie de la zone vadose et de la zone saturée à ce niveau de la nappe de l'Oued Guéniche

A : argile, **A. sabl** : Argile sableuse, **A. peu sabl** : Argile peu sableuse, **S. arg** : Sable argileux, **G** : Grès, **Allu. sab** : Alluvions sableuses.
● : Mesure de résistivité électrique (Ohm.m)

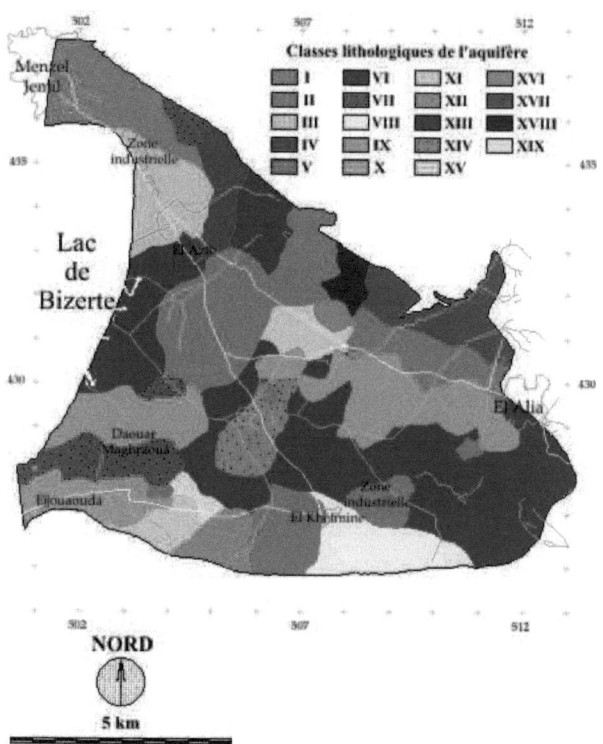

I : Alluvions sableuses ; **II** : Sable argileux ; **III** : Alternances de sable et de sable argileux ; **IV** : Alternances d'argile sableuse et de sable ; **V** : Argile peu sableuse ; **VI** : Argile sableuse ; **VII** : Grès ; **VIII** : Alternances de grès et de sable argileux ; **IX** : Alternances de sable et de grès ; **X** : Alternances de sable et de grès avec de l'argile sableuse ; **XI** : Argile sur alternances de sable et d'argile ; **XII** : Alternances d'argile sableuse avec du sable et du grès ; **XIII** : Alternances d'argile et de sable argileux ; **XIV** : Alternances d'argile et de grès ; **XV** : Alternances d'argile et de sable (argile > sable) ; **XVI** : Alternances de sable et de grès avec de l'argile (sable et grès > argile) ; **XVII** : Sable argileux sur des alternances d'argile et de sable ; **XVIII** : Alternances d'argile avec du sable et du grès ; **XIX** : Argile sur des alternances de sable argileux.

Fig. 71 : Carte détaillée de la lithologie de l'aquifère de la nappe de l'Oued Guéniche

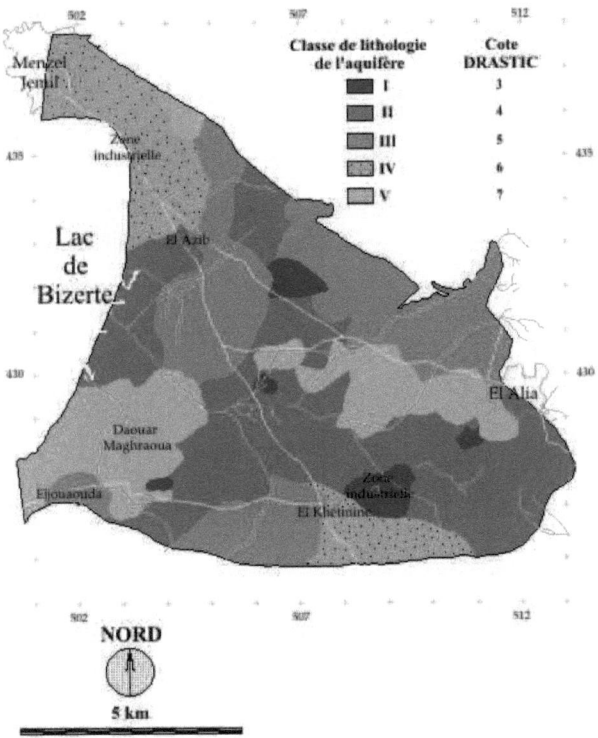

I : Argile peu sableuse ;
II : Argile sableuse ; Alternances d'argile et de sable argileux ; Argile sur des alternances de sable argileux ; Argile sur alternances de sable et d'argile ; Alternances d'argile et de sable (argile > sable) ; Alternances d'argile et de grès
III : Alternances d'argile sableuse et de sable ; Sable argileux ; Alternances d'argile avec du sable et du grès ; Sable argileux sur des alternances d'argile et de sable ; Alternances d'argile sableuse avec du sable et du grès ; Alternances de sable et de grès avec de l'argile sableuse ; Alternances de sable et de grès avec de l'argile (sable et grès > argile)
IV : Alluvions sableuses ; Alternances de sable et de sable argileux ; Alternances de grès et de sable argileux
V : Alternances de sable et de grès ; Grès

Fig. 72 : Carte lithologique de l'aquifère de la nappe de l'Oued Guéniche (méthode DRASTIC)

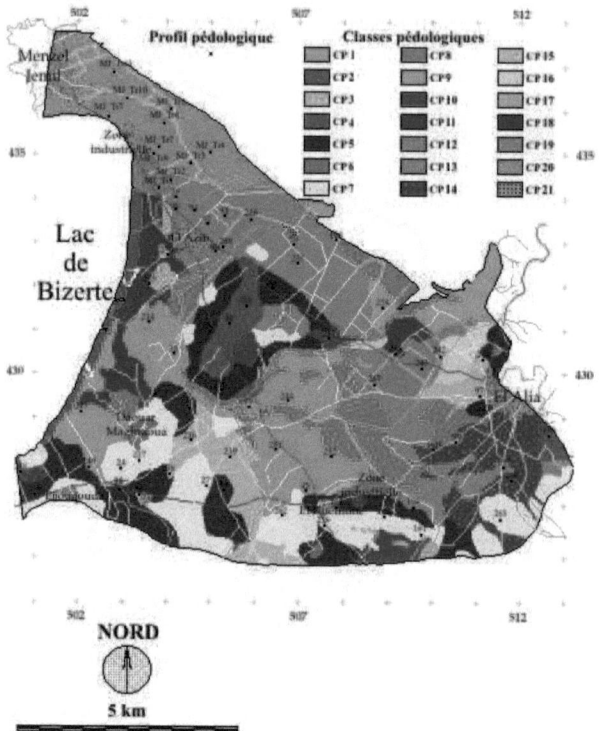

CP1 : Sols peu évolués d'apport alluvial mal drainés. Faciès : à texture grossière sur texture fine, sur croûte calcaire. Nappe phréatique proche de la surface l'hiver ; **CP2** : Sols calcimorphes, rendzines vraies. Faciès : Erodé ; **CP3** : Sols peu évolués d'apport alluvial mal drainés. Faciès : à texture grossière sur texture fine ; **CP4** : Sols non évolués bruts d'apport marin. Faciès : Sableux, plages actuelles et cordons littoraux ; **CP5** : Sols calcimorphes, rendzines à horizons, bruns calcaires. Faciès : hydromorphe ; **CP6** : Sols non évolués bruts d'érosion sur roche tendre. Faciès : squelettique très érodé sur argiles gypseuses ou sur limons calcaires ; **CP7** : Sols calcimorphes, rendzines à horizons, bruns calcaires. Faciès : Sur croûte calcaire ; **CP8** : Sols à hydromorphie totale permanente, marécageux (Merjas et marécages), ou à hydromorphie totale temporaire d'origine topographique, argileux très mal drainés ; **CP9** : Sols non évolués bruts d'apport éolien. Faciès : Dunes mouvantes formées de sable fin sur topographie accidentée ; **CP10** : Sols calcimorphes, rendzines à horizons, bruns calcaires. Faciès : à texture sableuse ; **CP11** : Sols halomorphes à alcalis proprement dits salés en profondeur ou sur tout le profil. Faciès : Sableux sur tout le profil ; **CP12** : Sols à hydromorphie partielle de profondeur, d'engorgement, à taches et concrétions de fer ou à mouvement de nappe. Faciès : Sableux peu évolués, amas calcaires, ou argileux ; **CP13** : Sols à hydromorphie partielle de surface, sur croûte calcaire de nappe ou à mouvement de nappe. Faciès : à taches et concrétions de fer pour le sous-groupe sur croûte calcaire de nappe, et Sableux, argileux ou à texture hétérogène pour le sous-groupe à mouvement de nappe ; **CP14** : Sols à hydromorphie partielle de profondeur, d'engorgement, à taches et concrétions de fer. Faciès : à texture sableuse ; **CP15** : Sols halomorphes à alcalis proprement dits salés en profondeur ou sur tout le profil. Faciès : Sableux en surface ; **CP16** : Sols peu évolués d'apport alluvial bien drainés. Faciès : à texture sableuse ; **CP17** : Sols à hydroxydes, rouges tempérés, lessivés, rouges typiques. Faciès : sableux, érodés ; **CP18** : Sols halomorphes à alcalis proprement dits salés en profondeur ou sur tout le profil. Faciès : Hydromorphes ; **CP19** : Sols limono-argileux, à drainage moyen ; **CP20** : Sols sablo-argileux à limono-argileux, à drainage improtant ; **CP21** : Sols de périmètres urbains et périurbains.

Fig. 73 : Carte pédologique de la nappe de l'Oued Guéniche

assez caractéristiques. Certains sols alluviaux peuvent avoir une meilleure perméabilité en surface ou en profondeur, c'est le cas du profil 245. Le tableau 37 représente les valeurs de conductivité hydraulique mesurées dans les différents profils cités.

- Les sols à hydromorphie totale temporaire ou permanente sont très peu perméables à imperméables. Ce sont des sols à texture très lourde sur lesquels il est impossible de mener à bien des essais de perméabilité par suite de leur forte compacité, de leur retrait pendant la saison sèche et bien souvent aussi à cause de la présence d'une nappe d'eau proche de la surface en hiver. Ces sols peuvent être classés en deux classes : les sols à hydromorphie partielle de surface, et les sols à hydromorphie partielle en profondeur. Les premiers peuvent être perméables sur tout le profil, leur teneur en éléments grossiers est alors élevée, ou perméables en surface et peu perméables en profondeur suite à la présence d'un horizon à texture fine. Les profils 255 et 79 nous donnent un aperçu de ces perméabilités (tab. 38). Les seconds, tout comme les précédents, peuvent avoir une bonne perméabilité sur tout le profil ou posséder un horizon profond d'engorgement à texture fine et peu perméable. L'étude des profils 267, 243 et 264 nous donne un aperçu de ces perméabilités (tab. 39).

- Les sols bruns calcaires ont généralement une meilleure perméabilité dans leur soixante premiers centimètres qu'en profondeur où ils sont peu perméables. Cette diminution de la perméabilité en profondeur peut entraîner des phénomènes d'hydromorphie c'est ce que l'on constate dans les sols bruns calcaires hydromorphes. Les profils 262, 237 sont assez caractéristiques (tab. 40).

- Les sols bruns tempérés sont généralement perméables et perméables. Le profil 231 est assez caractéristique (tab. 41).

- Pour le reste des sols, ils sont non irrigables pour des raisons de salure, d'alcalisation, de texture, du manque d'évolution, de topographie, etc. Les valeurs de k mesurées dans ces sols sont relatives aux profils 265, 269, 266, 232, 233, 234, 56, 37, 248, 230, 25, 26, 238, 27, 261, 239, 236, 39, 251, 260, 253, 263, 100, 259, 241, 267, 268, et 254.

L'étude pédologique de Le Floc'h nous a permis d'élaborer la carte pédologique DRASTIC spécifique pour une grande partie de la zone d'étude. Les mesures ponctuelles de conductivité hydraulique effectuées au niveau des sols lors de cette étude ont facilité énormément la pondération des sols.

L'étude pédologique à l'échelle 1/25.000 de la zone de Menzel Jemil - El Alia établie par Gilson (1995) a permis de classer les sols situés au Nord de la nappe (entre la ville de Menzel Jemil et le village d'El Azib), en 3 classes de drainage superficiel : bon drainage, drainage moyen et mauvais drainage, ce qui a facilité la pondération des sols selon la classification DRASTIC. La texture et la capacité de drainage relatifs aux 11 profils pédologiques réalisés dans cette région de la nappe : MJ_Tr1, MJ_Tr2, MJ_Tr3, MJ_Tr4, MJ_Tr5, MJ_Tr6, MJ_Tr7, MJ_Tr8, MJ_Tr9, MJ_Tr10 et MJ_Tr11 (fig. 74), ont été décrits lors de cette étude (tab. 42).

La combinaison des données issues de l'étude de Le Floc'h et de celle de Gilson a permis d'obtenir une carte pédologique de la nappe de l'Oued Guéniche (voir techniques des SIG utilisés en annexe I). Cette carte montre 21 classes pédologiques différentes (fig. 72).

Tab. 36 : Perméabilité des profils des sols alluviaux n° 252, 242, 244 et 245.

N° du profil	Profondeur	k (m/s)	Perméabilité
252	0-40	5.10^{-6}	perméable à peu perméable
	0-60	4.10^{-6}	peu perméable
	0-80	2.10^{-6}	perméable à peu perméable
242	0-40	21.10^{-6}	perméable
	0-60	8.10^{-6}	perméable à peu perméable
	0-80	$4,5.10^{-6}$	peu perméable
244	0-20	23.10^{-6}	perméable
	0-50	5.10^{-6}	peu perméable
245	0-30	4.10^{-6}	peu perméable
	0-50	8.10^{-6}	perméable à peu perméable
	0-80	45.10^{-6}	perméable

Tab. 37 : Perméabilité des profils des sols à hydromorphie partielle de surface n° 255 et 79

N° du profil	Profondeur	k (m/s)	Perméabilité
255	0-20	90.10^{-6}	très perméable à perméable
	0-60	13.10^{-6}	perméable à peu perméable
79	0-20	21.10^{-6}	perméable
	0-60	8.10^{-6}	perméable à peu perméable
	0-80	$4,5.10^{-6}$	peu perméable

Tab. 38 : Perméabilité des profils des sols à hydromorphie partielle de profondeur n° 267, 243 et 264

N° du profil	Profondeur	k (m/s)	Perméabilité
267	0-20	240.10^{-6}	très perméable
	0-60	210.10^{-6}	très perméable
243	0-40	48.10^{-6}	perméable à très perméable
	0-60	34.10^{-6}	perméable
	0-80	7.10^{-6}	perméable à peu perméable
264	0-20	6.10^{-6}	perméable à peu perméable
	0-50	7.10^{-6}	perméable à peu perméable

Tab. 39 : Perméabilité des profils des sols bruns calcaires n° 262 et 237

N° du profil	Profondeur	k (m/s)	Perméabilité
262	0-40	8.10^{-6}	perméable à peu perméable
	0-80	6.10^{-6}	perméable à peu perméable
237	0-40	21.10^{-6}	perméable
	0-60	37.10^{-6}	perméable

Tab. 40 : Perméabilité du profil de sols bruns tempérés n° 231

N° du profil	Profondeur	k (m/s)	Perméabilité
231	0-40	13.10^{-6}	perméable à peu perméable

Tab. 41 : Description et classifications de texture et de drainage des profils pédologiques effectués au niveau de la région de Menzel Jemil
(Gilson, 1995)

N° du profil	Profondeur (cm)	Classe texturale	Classe de drainage superficiel	Date
MJ_Tr1	0 - 200	3	2	07/09/1995
MJ_Tr2	0 - 120	1	1	07/09/1995
	120 - 200	3	1	
MJ_Tr3	0 - 90	2	1	07/09/1995
	90 - 200	2	1	
MJ_Tr4	0 - 160	2	1	07/09/1995
	160 - 200	4	1	
MJ_Tr5	0 - 40	2	1	09/09/1995
	40 - 100	2	1	
MJ_Tr6	0 - 40	2	1	09/09/1995
	40 - 80	2	1	
	80 - 100	2	1	
MJ_Tr7	0 - 50	4	1	09/09/1995
	50 - 100	4	1	
	100 - 150	4	1	
MJ_Tr8	0 - 30	2	1	09/09/1995
	30 - 50	2	1	
	50 - 100	2	1	
MJ_T9	0 - 40	2	1	09/09/1995
	40 - 100	2	1	
MJ_Tr10	0 - 40	2	1	09/09/1995
	40 - 100	2	1	
MJ_Tr11	0 - 40	3	1	09/09/1995
	40 - 55	3	1	
	55 - 100	3	1	

Classe texturale

1 : Sableux
2 : Sablo-argileux
3 : limono-argileux
4 : non décrit.

Classe de drainage superficiel

1 : bon drainage.
2 : drainage moyen.
3 : mauvais drainage.

I-4-2- Préparation de la carte pédologique DRASTIC

La préparation de la carte pédologique DRASTIC s'est basé essentiellement sur les mesures de la conductivité hydraulique des sols effectuées par Le Floc'h (1959), ainsi que sur la classification des sols localisés au Nord de la nappe selon leur capacité de drainage superficiel (Gilson, 1995). Neuf classes ont été extraites pour l'ensemble de la superficie de la nappe, à chacune d'elles a été attribuée une cote variant de 1 à 9 (fig. 74) (voir techniques des SIG utilisées en annexe I).

I-5- Carte des pentes

La pente du terrain a été calculée en utilisant les deux feuilles de la carte topographique de la Tunisie d'échelle 1/25.000, qui couvrent la zone d'étude : la feuille de Metline S.O. et la feuille de Ghar El Melh N.O. (OTC, 1981). Ces feuilles ont été numérisées sur ARC/Info et traitées par la suite sur le logiciel Idrisi. La carte des pentes obtenue après un ensemble de traitements sur ARC/Info et Idrisi (voir techniques utilisées en annexe I) a été classée selon la classification des pentes de la méthode DRASTIC (fig. 75).

I-6- Carte lithologique de la zone vadose

L'élaboration de la carte lithologique de la zone vadose a été effectuée en utilisant les corrélations lithostratigraphiques détaillées que nous avons établi dans cette étude (fig. 65, 66, 67, 68, 69 et 70), en se basant sur les données de résistivité électrique déterminées lors de l'étude de Haj Ltaief (1995) ainsi que sur les données des sondages mécaniques existants et les données géologiques de surface.

La carte lithologique de la zone vadose obtenue (voir techniques des SIG utilisées en annexe I) montre la présence de 19 classes lithologiques différentes (fig. 76). Cette carte a été classée selon la classification lithologique de la zone vadose de la méthode DRASTIC (fig. 77).

I-7- Carte de conductivité hydraulique de l'aquifère

La conductivité hydraulique de l'aquifère a été déterminée en se basant sur :
- une campagne de mesure de la conductivité hydraulique de l'aquifère de l'Oued Guéniche effectuée par Ennabli (1966) dans laquelle des mesures ont été effectuées dans 9 localités bien réparties au niveau de la nappe et une carte sommaire de la conductivité hydraulique a été établie (fig. 78).
- La carte lithologique de l'aquifère déjà établie dans cette étude, et à partir de laquelle nous avons pu estimer les valeurs de conductivité hydraulique de l'aquifère, en se basant sur les travaux de Rodríguez et al. (2001) (tab. 32).

Troisième Partie - Chapitre II (Application de la méthode DRASTIC à la nappe de l'Oued Guéniche)

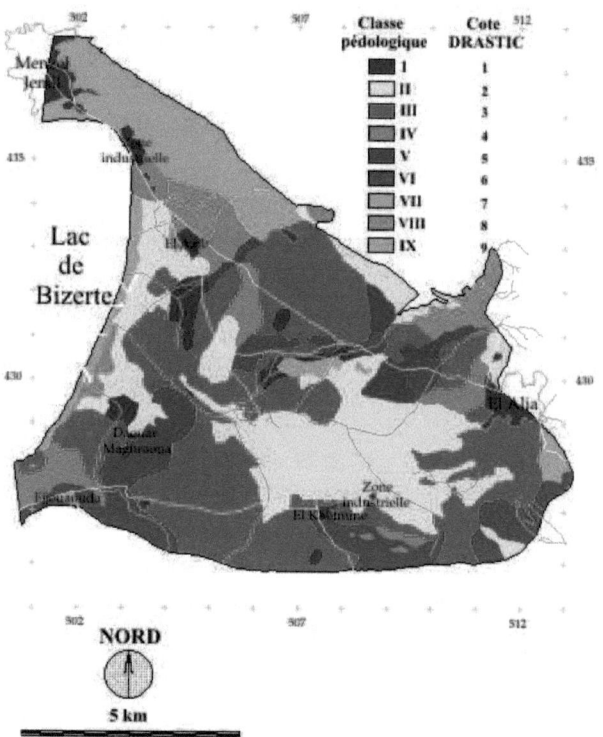

Fig. 74 : Carte pédologique de la nappe de l'Oued Guéniche
(méthode DRASTIC)

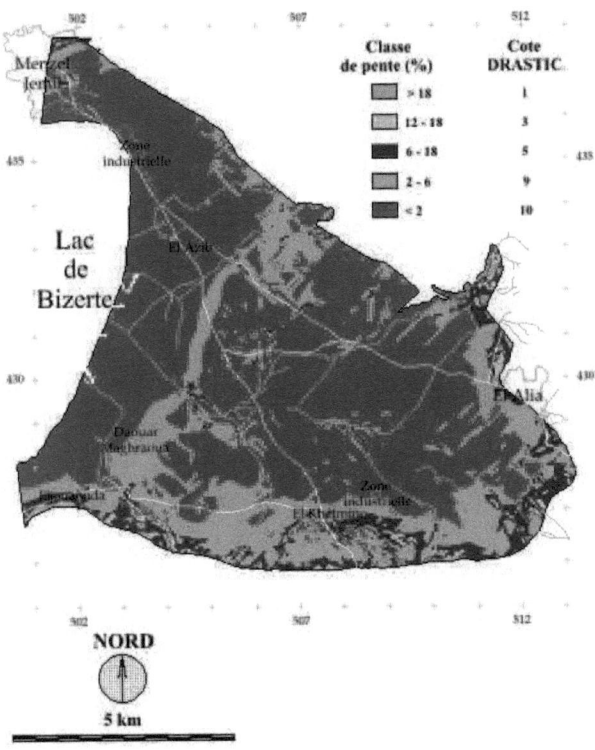

Fig. 75 : Carte des pentes de la nappe de l'Oued Guéniche
(méthode DRASTIC)

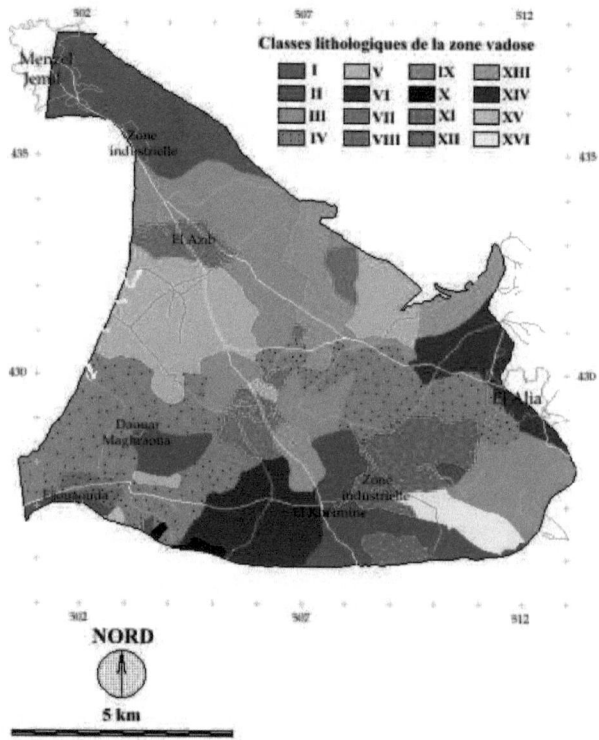

I : Alternance d'argile sableuse et de grès ; II : Grès ; III : Argile sableuse ; IV : Alternances sablo-gréseuses ;
V : Sable argileux ; VI : Alternances sable/argile (sable > argile) ; VII : Argile ;
VIII : Alternances de sable et d'argile sableuse ; IX : Alternances d'argile sableuse / argile ;
X : Alternances argile / sable ; XI : Alternances alluvions sableuses / grès ;
XII : Alternances de sable et de grès / argile gréseuse ;
XIII : Alternances de sable argileux / argile ; XIV : Sable argileux (sable > argile) ;
XV : Alternances de marne et de grès ; XVI : Argile peu sableuse.

Fig. 76 : Carte lithologique de la zone vadose de la nappe de l'Oued Guéniche

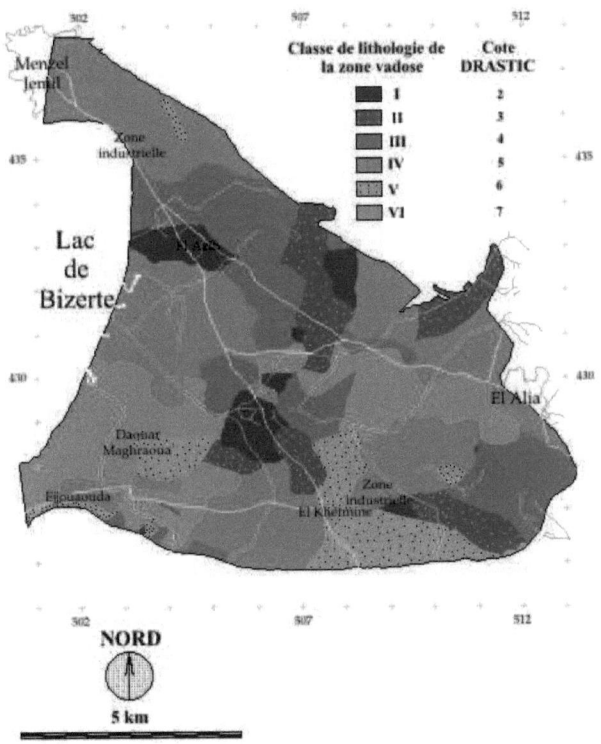

I : Argile
II : Argile peu sableuse ; Alternances de sable argileux / argile ; Alternances d'argile sableuse / argile
III : Argile sableuse ; Alternances argile / sable ; Alternances de marne et de grès
IV : Alternance d'argile sableuse et de grès ; Sable argileux ; Alternances sable/argile (sable > argile) ;
Alternances de sable et d'argile sableuse ; Sable argileux (sable > argile) ;
Alternances de sable et de grès / argile gréseuse
V : Grès ; Alternances alluvions sableuses / grès
VI : Alternances sablo-gréseuses

Fig. 77 : Carte lithologique de la zone vadose de la nappe de l'Oued Guéniche
(méthode DRASTIC)

Troisième Partie - Chapitre II (Application de la méthode DRASTIC à la nappe de l'Oued Guéniche)

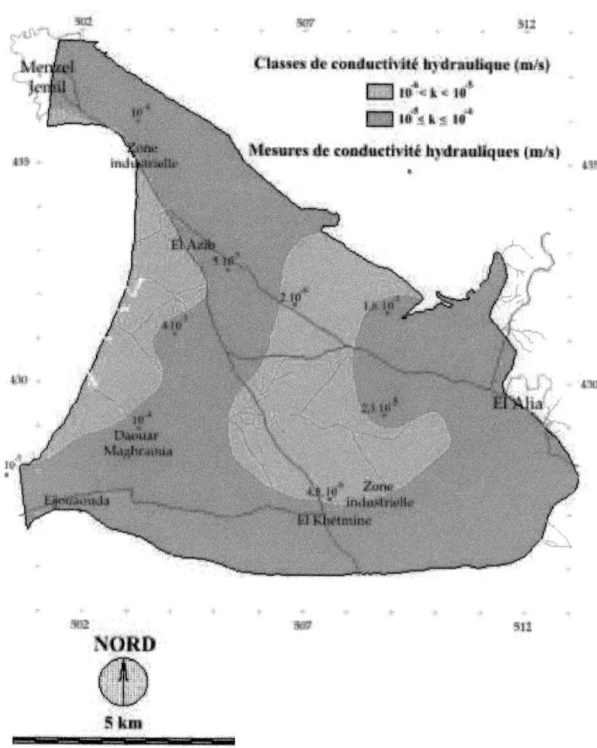

Fig. 78 : Carte sommaire de conductivité hydraulique de l'aquifère de la nappe de l'Oued Guéniche (Ennabli, 1966)

La carte de conductivité hydraulique finale obtenue (voir techniques des SIG utilisées en annexe I) a été classée selon la méthode DRASTIC (fig. 79).

II- Vulnérabilité déterminée par la méthode DRASTIC standard

Pour obtenir la carte de vulnérabilité DRASTIC standard de la nappe de l'Oued Guéniche, nous avons d'abord utilisé le logiciel Idrisi pour multiplier la carte relative à chaque paramètre (carte à cotes) par la valeur de son poids correspondant (tab. 9), ensuite nous avons fait la somme des sept cartes paramétriques obtenues pour obtenir la carte des indices de vulnérabilité laquelle a été enfin classée en degrés ou classes de vulnérabilité proposés par la méthode DRASTIC (tab. 10) (voir techniques des SIG utilisées en annexe I).

La carte de vulnérabilité à l'échelle 1/50.000 obtenue (fig. 80), montre l'existence de trois degrés de vulnérabilité à la pollution : faible, moyen et élevé.

Les terrains à faible vulnérabilité à la pollution occupent 48 % de la superficie totale de la nappe. Ils se localisent au niveau de la ville de Menzel Jemil, au niveau d'une zone étendue localisée au Nord Est de la nappe, au niveau de la ville d'El Alia, au niveau des zones situées au Sud et au Sud Ouest de cette ville, au niveau d'une zone étendue allant de la partie centrale de la nappe à sa partie Sud passant par El Bhira El Alia et par le village d'El Khétmine, et au niveau de l'agglomération d'Ejjouaouda.

Le reste de la superficie de la nappe, soit 50,7 %, est occupé par des terrains à vulnérabilité moyenne à la pollution.

Les terrains à vulnérabilité élevée, n'occupent que 1.3 % de la superficie totale de la nappe. Ils se localisent essentiellement dans la région de Henchir El Khraieb située au Sud Est de la ville de Menzel Jemil, dans la région d'El Azib au bord du lac de Bizerte, au Nord Ouest de l'agglomération rurale de Daouar Maghraoua, et dans une région agricole localisée au Nord Est de la région d'El Bhira El Alia passant par Oued El Hella.

Les facteurs déterminants de la vulnérabilité DRASTIC standard dans la nappe de l'Oued Guéniche sont les suivants : la profondeur du plan d'eau, la lithologie de la zone vadose, la lithologie de l'aquifère et sa conductivité hydraulique. En effet, les zones à haute vulnérabilité sont généralement caractérisées par une faible profondeur du plan d'eau (comprise entre 1.5 et 9 m), une zone vadose et une zone saturée formées par des alternances de grès et de sable, et une conductivité hydraulique de l'aquifère comprise entre 12 et 29 m/j.

III- Vulnérabilité déterminée par la méthode DRASTIC pesticides

Nous avons procédé pour l'élaboration de la carte finale de vulnérabilité DRASTIC pesticides de la nappe de Ras Jebel (fig. 81) de la même façon que pour la carte

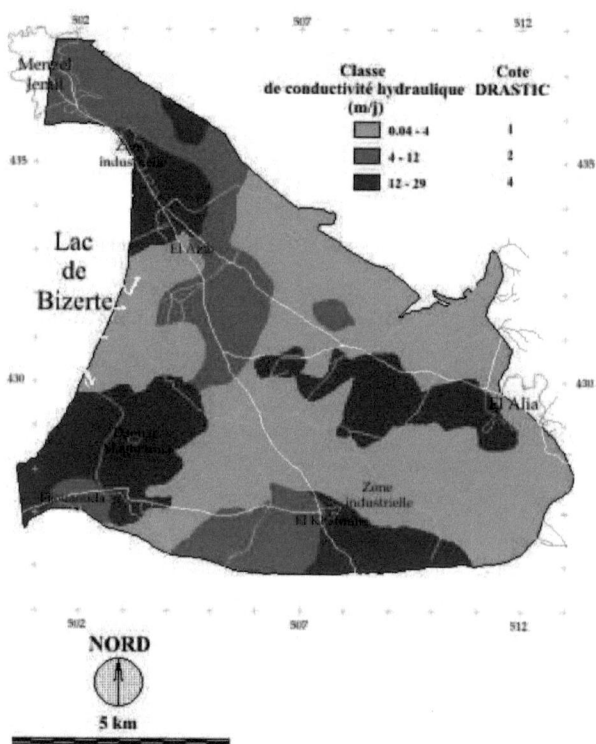

Fig. 79 : Carte de conductivité hydraulique de l'aquifère de la nappe de l'Oued Guéniche
(méthode DRASTIC)

Troisième Partie - Chapitre II (Application de la méthode DRASTIC à la nappe de l'Oued Guéniche)

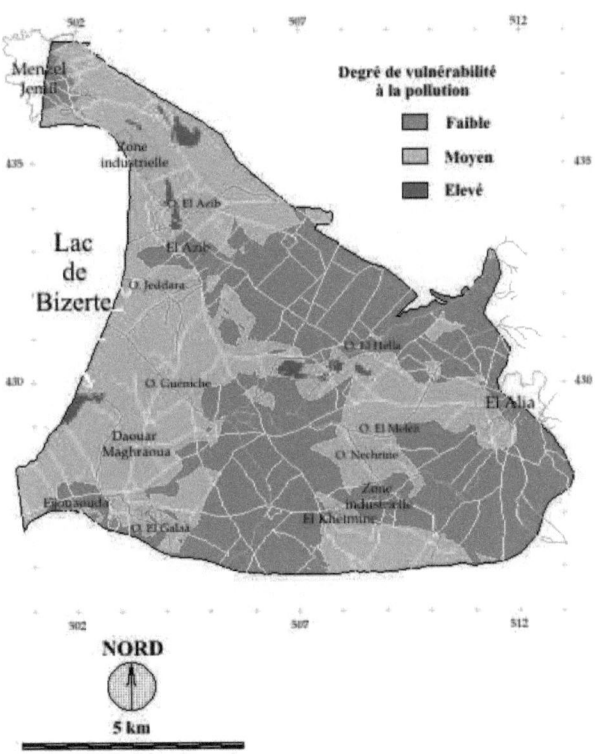

Fig. 80 : Carte de vulnérabilité DRASTIC standard de la nappe de l'Oued Guéniche

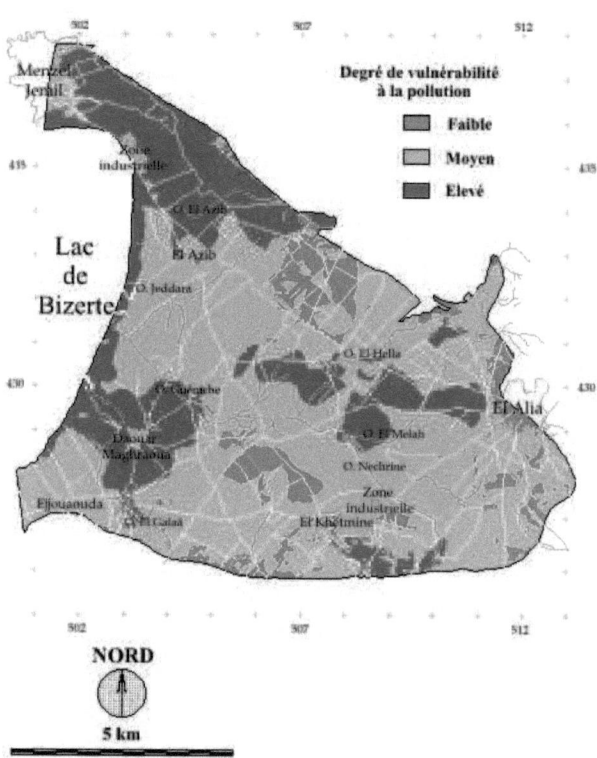

Fig. 81 : Carte de vulnérabilité DRASTIC pesticides de la nappe de l'Oued Guéniche

DRASTIC standard, sauf que les poids attribués à certains paramètres ont été modifiés (tab. 9). La carte obtenue montre l'existence de trois degrés de vulnérabilité à la pollution : faible, moyen et élevé.

Les terrains à faible vulnérabilité à la pollution par les pesticides, n'occupent que 8 % de la superficie de la nappe. Ces terrains se localisent au niveau de régions agricoles localisées au Nord Est de la nappe, au niveau de la ville d'El Alia, et au niveau de petites régions localisées au Sud, au Nord, et au Nord Ouest de la nappe. Nous pouvons également rencontrer ces terrains à l'Est, au Nord Ouest et au Sud Ouest du village d'El Khétmine.

Les terrains à vulnérabilité élevée qui occupent 26 % de la superficie de la nappe, s'étendent sur une zone étalée allant du Sud de la ville de Menzel Jemil jusqu'au village d'El Azib. Ils occupent également une grande partie des zones bordant le lac de Bizerte, ainsi que des zones étendues situées autour de l'agglomération rurale de Daouar Maghraoua, le Sud Est du village d'El Khétmine, et zone étalée s'étendant de la partie ouest de la ville d'El Alia jusqu'à la région d'El Bhira El Alia.

Le reste de la nappe, soit 66 % de sa superficie totale, est occupé par des terrains à vulnérabilité moyenne.

Les facteurs déterminants de la vulnérabilité DRASTIC pesticides dans la nappe de l'Oued Guéniche sont les suivants : la profondeur du plan d'eau, la lithologie de la zone vadose, les sols, la lithologie de l'aquifère, et la pente. En effet, les zones à haute vulnérabilité sont généralement caractérisées par une faible profondeur du plan d'eau (comprise entre 1.5 et 9 m), par des sols perméables à très perméables (à k > 20 m/s et à haut drainage superficiel), par une zone vadose formée d'alternances sablo-gréseuse, de grès, de sable argileux ou d'alternance sablo-argileuse, par une zone saturée formée d'alluvions sableuses, d'alternances de sable, de grès et sable argieux, des alternances sablo-gréseuse ou de grès, et par une pente inférieure à 6 %.

Troisième Partie
Troisième Chapitre

*Application de la méthode SINTACS
à la nappe de l'Oued Guéniche*

Application de la méthode SINTACS à la nappe d'Oued Guéniche

I- Elaboration des cartes paramétriques SINTACS

I-1- Carte de la profondeur du plan d'eau

L'établissement de cette carte s'est basé sur les mêmes données et les mêmes techniques utilisées pour l'établissement de la carte DRASTIC (voir annexe I). Ces données de la profondeur du plan d'eau ont été classées selon la classification de la profondeur du plan d'eau SINTACS.

La carte SINTACS de profondeur du plan d'eau obtenue (fig. 82) montre l'existence de six classes : 1,3 – 2,6 ; 2,6 – 3,9 ; 3,9 – 5,6 ; 5,6 – 8,2 ; 5,2 – 10,8 et 10,8 – 16,5 m, dont les cotes correspondantes sont respectivement 9, 8, 7, 6, 5 et 4.

I-2- Carte de la recharge efficace de l'aquifère

La recharge efficace de l'aquifère a été calculée en utilisant l'équation d'England (1973) : $I = P.\chi$ (mm/an), où I : la recharge efficace annuelle de l'aquifère (mm), P : la pluviométrie annuelle (mm), et χ : le coefficient d'infiltration potentielle, coefficient qui dépend de la nature du sol. Cette équation est proposée par le créateur du modèle SINTAC, Civita (1994) dans le cas des sols d'épaisseur dépassant 0.5 m, comme c'est le cas pour l'ensemble des sols présents dans notre zone d'étude.

La carte pluviométrique de la zone d'étude, utilisée dans le calcul de la recharge efficace montre des valeurs variant de 485 à 599 mm (fig. 52). Quant à la carte des coefficients d'infiltration potentielle notés χ ou C.I.P (fig. 83), elle a été préparée en se basant sur la carte pédologique de la zone d'étude (fig. 73) et sur le tableau 16.

La carte de recharge efficace obtenue, établie suite à un ensemble de traitements sur ARC/Info et Idrisi (voir annexe I), montre des valeurs variant de 1 à 248 mm. Elle a été classée selon la classification SINTACS, et a montré l'existence de 9 classes de recharge efficace avec des cotes variant de 1 à 9 (fig. 84). Il est à remarquer que les valeurs élevées de recharge efficace, allant de 164.2 à 248 mm, n'occupent que 6 % de la surface totale de la nappe.

I-3- Carte de l'effet de l'auto-épuration de la zone vadose

La détermination des données relatives à l'effet de l'auto-épuration de la zone vadose ou à la lithologie de la zone vadose, a été déjà effectuée lors de l'application de la méthode DRASTIC. En effet, la carte lithologique de la zone vadose obtenue a montré la

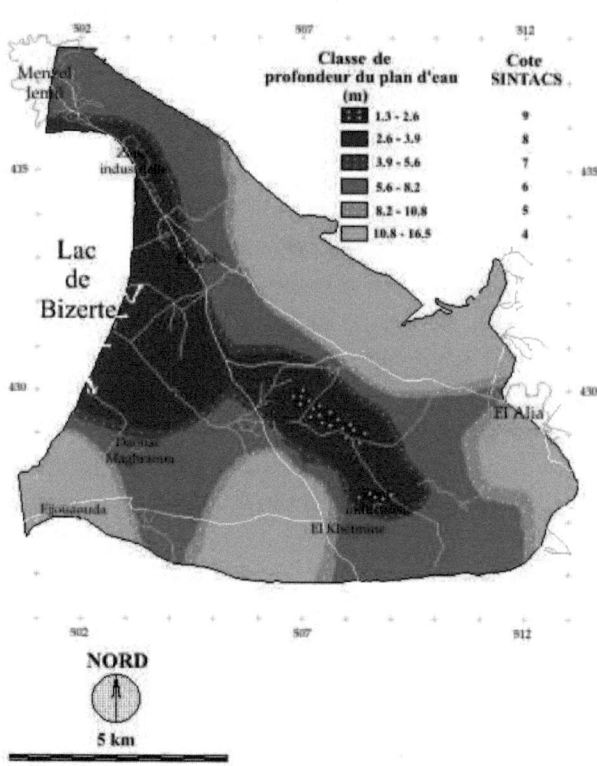

Fig. 82 : Carte de la profondeur du plan d'eau de la nappe de l'Oued Guéniche (méthode SINTACS)

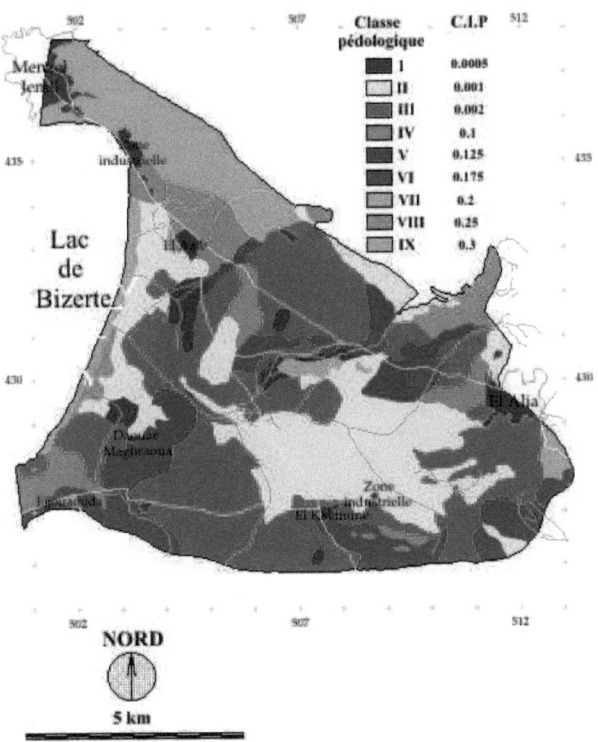

Fig. 83 : Carte des coefficients d'infiltration potentielle χ de la nappe de l'Oued Guéniche

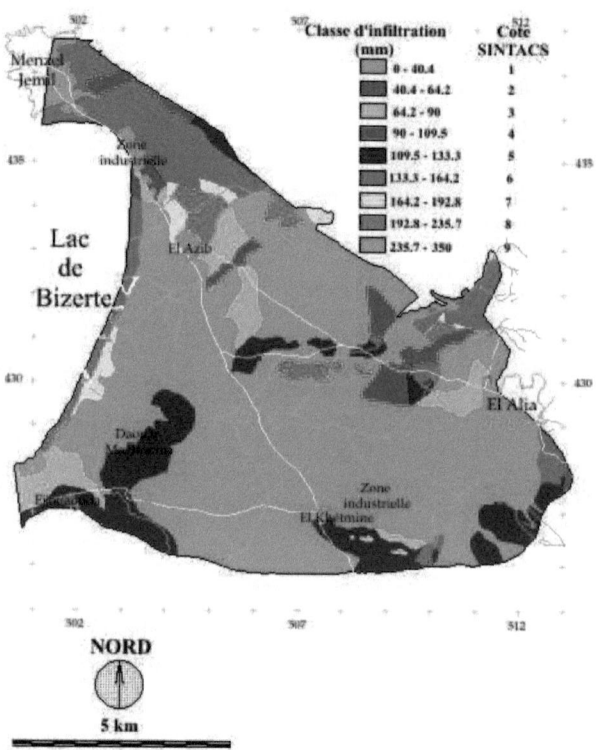

Fig. 84 : Carte de la recharge efficace de la nappe de l'Oued Guéniche
(méthode SINTACS)

présence de 16 classes lithologiques différentes (fig. 76). Cette carte a été classée selon la classification lithologique de la zone vadose de la méthode SINTACS, et a montré l'existence de 6 classes différentes (fig. 85) (voir techniques des SIG utilisées au niveau de l'annexe I).

I-4- Carte pédologique

L'élaboration de la carte pédologique SINTACS s'est basé, tout comme pour la carte pédologique SINTACS, sur les mesures de la conductivité hydraulique des sols effectuées par Le Floc'h (1959), ainsi que sur la classification des sols localisés au Nord de la nappe selon leur capacité de drainage superficiel (Gilson, 1995). 8 classes ont été extraites pour l'ensemble de la surface de la nappe, à chacune d'elles a été attribuée une cote variant de 0.5 à 8.5 (fig. 86) (voir techniques des SIG utilisées au niveau de l'annexe I).

I-5- Carte des caractéristiques hydrogéologiques de l'aquifère

Les caractéristiques lithologiques de l'aquifère ont été déjà déterminées lors de la préparation de la carte DRASTIC. La carte lithologique de l'aquifère obtenue a montré la présence de 19 classes lithologiques différentes (fig. 71). Cette carte a été classée selon la classification SINTACS, et a montré l'existence de 6 classes lithologiques (fig. 87) (voir techniques des SIG utilisées au niveau de l'annexe I).

I-6- Carte de conductivité hydraulique de l'aquifère

La préparation de cette carte s'est basée sur une reclassification des données de conductivité hydraulique de l'aquifère, déjà déterminées lors de l'application de la méthode DRASTIC, selon la classification SINTACS (tab. 22) en utilisant la fonction RECLASS d'Idrisi. La carte SINTACS de conductivité hydraulique montre l'existence de 5 classes (fig. 88).

I-7- Carte des pentes

La carte des pentes a été déjà préparée lors de l'application de la méthode DRASTIC à la nappe de l'Oued Guéniche. Cette carte a été reclassée selon la classification SINTACS (tab. 23). La carte SINTACS obtenue montre l'existence de huit classes différentes (fig. 89) (voir techniques des SIG utilisées au niveau de l'annexe I).

II- Vulnérabilité déterminée par la méthode SINTACS

Les deux scénarios SINTACS "Impact Normal" et "Impact Sévère" sont envisagés dans la zone d'étude. Les spécificités des deux scénarios ont été déjà décrites lors de l'application de la méthode SINTACS à la nappe de Ras Jebel. Le scénario "Impact Normal" ne couvre que 2.5 % de la surface totale de la nappe de l'Oued Guéniche (fig. 90), tandis que le scénario "Impact Sévère" couvre la majeure partie de la nappe, soit 97.5 % (fig. 91).

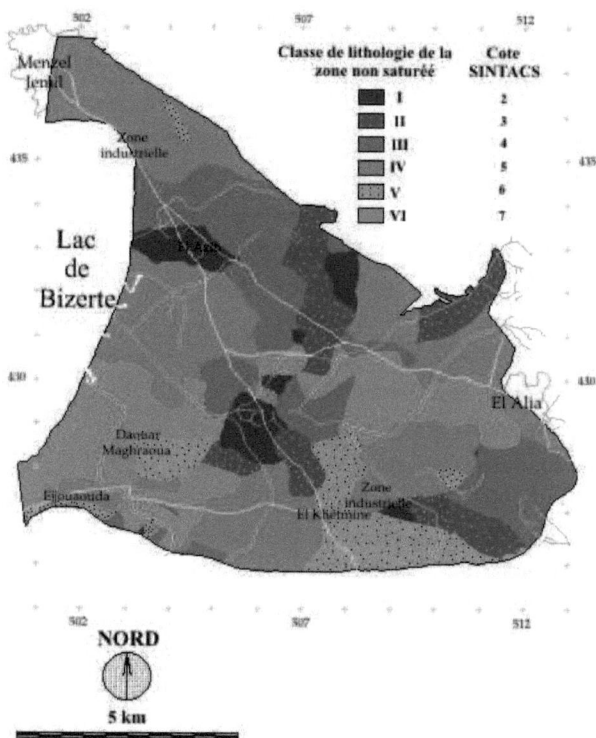

I : Argile
II : Argile peu sableuse ; Alternances de sable argileux / argile ; Alternances d'argile sableuse / argile
III : Argile sableuse ; Alternances argile / sable ; Alternances de marne et de grès
IV : Alternance d'argile sableuse et de grès ; Sable argileux ; Alternances sable/argile (sable > argile) ;
Alternances de sable et d'argile sableuse ; Sable argileux (sable > argile) ;
Alternances de sable et de grès / argile gréseuse
V : Grès ; Alternances alluvions sableuses / grès
VI : Alternances sablo-gréseuses

Fig. 85 : Carte de l'effet de l'auto-épuration de la zone vadose
de la nappe de l'Oued Guéniche (méthode SINTACS)

Troisième Partie - Chapitre III (Application de la méthode SINTACS à la nappe de l'Oued Guéniche)

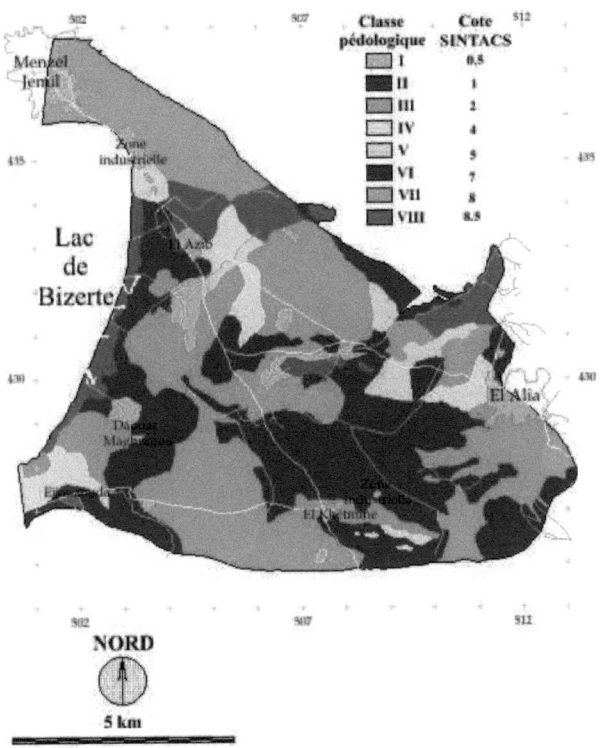

Fig. 86 : Carte pédologique de la nappe de l'Oued Guéniche
(méthode SINTACS)

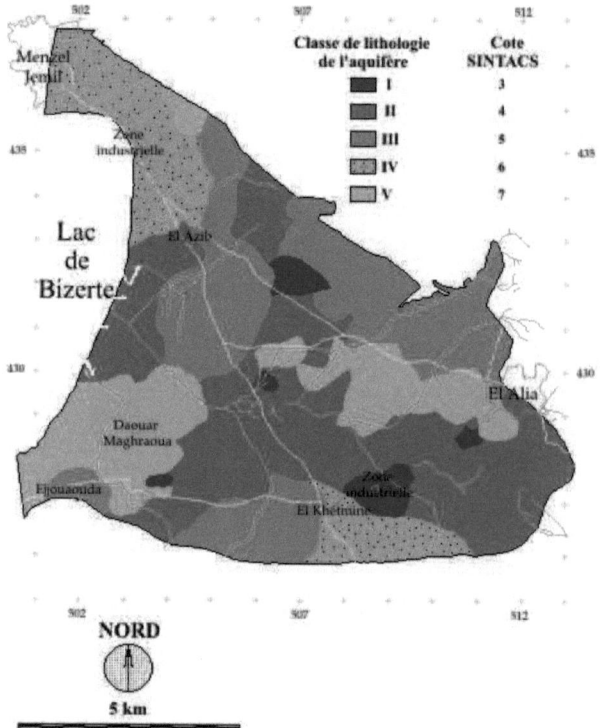

I : Argile peu sableuse ;
II : Argile sableuse ; Alternances d'argile et de sable argileux ; Argile sur des alternances de sable argileux ; Argile sur alternances de sable et d'argile ; Alternances d'argile et de sable (argile > sable) ; Alternances d'argile et de grès
III : Alternances d'argile sableuse et de sable ; Sable argileux ; Alternances d'argile avec du sable et du grès ; Sable argileux sur des alternances d'argile et de sable ; Alternances d'argile sableuse avec du sable et du grès ; Alternances de sable et de grès avec de l'argile sableuse ;
Alternances de sable et de grès avec de l'argile (sable et grès > argile)
IV : Alluvions sableuses ; Alternances de sable et de sable argileux ; Alternances de grès et de sable argileux
V : Alternances de sable et de grès ; Grès

Fig. 87 : Carte lithologique de l'aquifère de la nappe de l'Oued Guéniche
(méthode SINTACS)

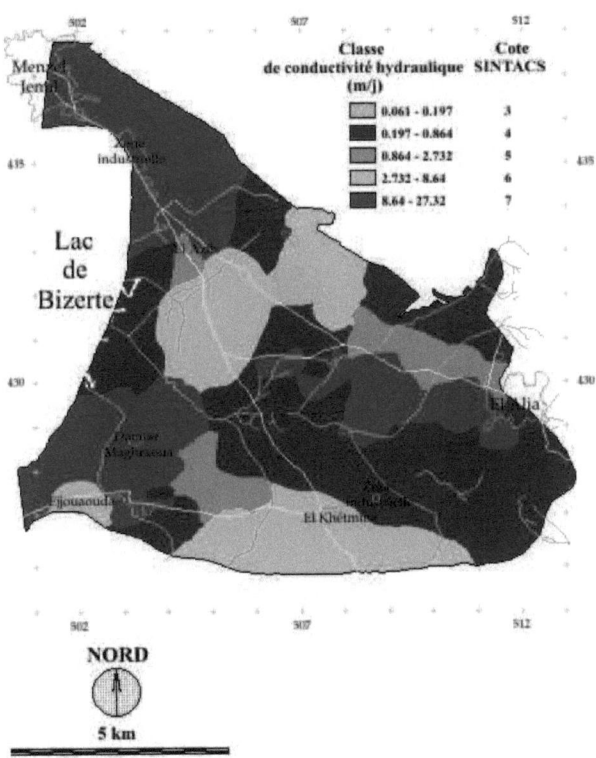

Fig. 88 : Carte de la conductivité hydraulique de l'aquifère de la nappe de l'Oued Guéniche (méthode SINTACS)

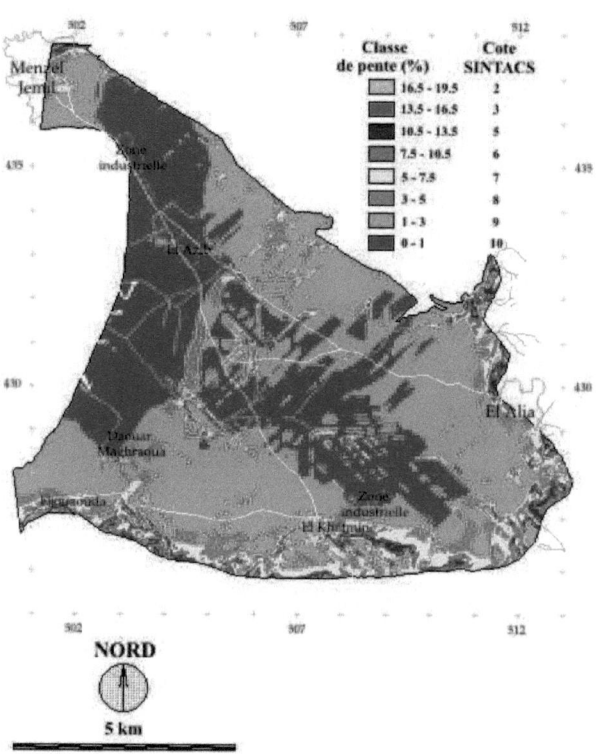

Fig. 89 : Carte des pentes de la nappe de l'Oued Guéniche
(méthode SINTACS)

Troisième Partie - Chapitre III (Application de la méthode SINTACS à la nappe de l'Oued Guéniche)

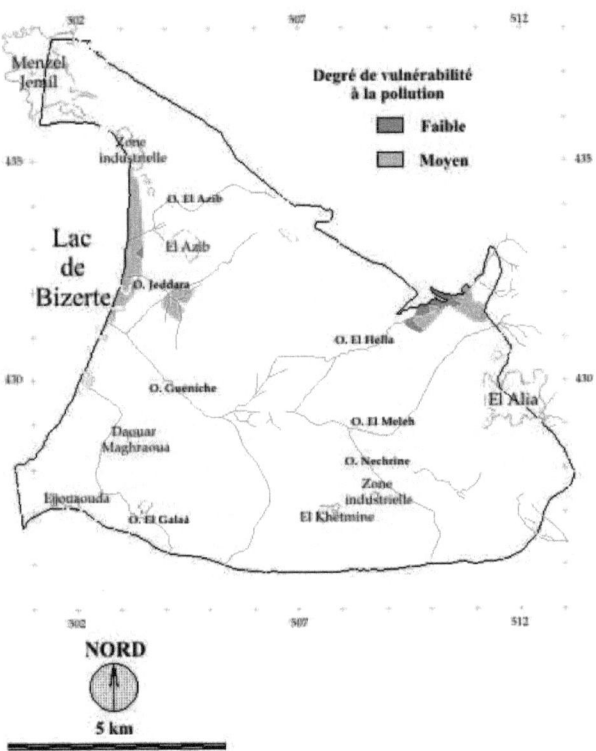

Fig. 90 : Carte de vulnérabilité SINTACS de la nappe de l'Oued Guéniche, scénario "Impact Normal"

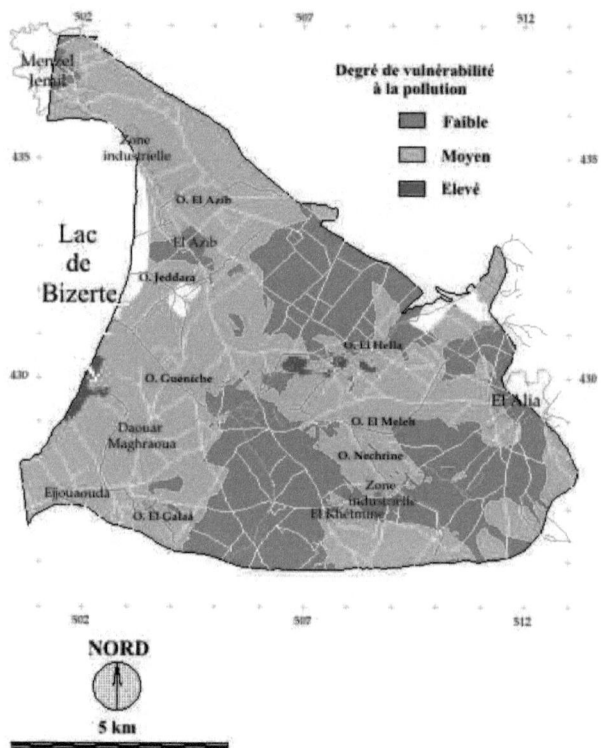

Fig. 91 : Carte de vulnérabilité SINTACS de la nappe de l'Oued Guéniche, scénario "Impact Sévère"

Les deux cartes SINTACS "Impact Normal" et "Impact Sévère" ont été élaborées, en utilisant le logiciel Idrisi comme suit : chaque carte paramétrique (carte à cotes) a été multipliée par la valeur de son poids (tab.12), ensuite les sept cartes paramétriques ont été sommées pour obtenir les deux cartes des indices de vulnérabilité IS (IS étant égal à la somme des produits du poids de chaque paramètre par la valeur de sa cote). Les deux cartes "Impact Normal" et "Impact Sévère" ont été ensuite classées en degrés de vulnérabilité selon le tableau 13. La sommation de ces deux cartes a permis d'obtenir la carte finale de vulnérabilité SINTACS de la nappe de l'Oued Guéniche à l'échelle 1/50.000 (fig.92) (voir techniques des SIG utilisées en annexe I). Cette carte montre l'existence de trois degrés de vulnérabilité : faible, moyen et élevé.

Les terrains à vulnérabilité élevée, qui n'occupent que 0.9 % de la surface totale de la nappe, sont localisés au Sud Ouest de la nappe, au bord du lac de Bizerte, et au niveau d'une zone agricole située au Sud de la région de Sidi Ibrahim, près de la bordure d'Oued El Hella.

Les terrains à vulnérabilité faible, qui occupent 35 % de la surface totale, sont localisés au niveau des zones suivantes :
- La ville de Menzel Jemil.
- Le village d'El Azib ainsi que ses bordures Ouest et Sud.
- Une zone étendue localisée au Nord d'Oued El Hella.
- La ville d'El Alia.
- Une zone étendue localisée au Nord, au Sud et au Sud Ouest de la ville d'El Alia.
- Une zone étendue localisée au Nord Ouest, à l'Ouest et au Sud Ouest du village d'El Khétmine.

Les terrains à vulnérabilité moyenne occupant le reste de la nappe, soit 64.1 % de sa surface totale.

Les facteurs déterminants de la vulnérabilité SINTACS dans la nappe de l'Oued Guéniche Jebel sont les suivants : la profondeur du plan d'eau, la recharge efficace de l'aquifère, la lithologie de la zone vadose, les sols, la lithologie et la conductivité hydraulique de l'aquifère, et la pente. En effet, les zones à haute vulnérabilité sont généralement caractérisées par une faible profondeur du plan d'eau (généralement entre 1.3 et 5.6 m), une recharge nette annuelle supérieure à 164.2 mm, une zone vadose formée par des alternances sablo-gréseuses, des sols perméables, une zone saturée sablo-gréseuse à conductivité hydraulique supérieure à 8.64 m/j, et une pente inférieure à 1 %.

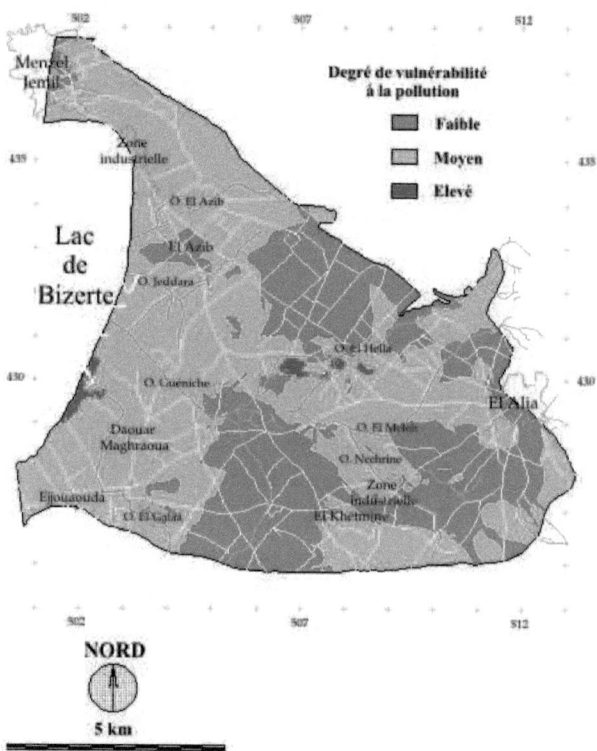

Fig. 92 : Carte de vulnérabilité SINTACS de la nappe de l'Oued Guéniche

Troisième Partie
Quatrième Chapitre

Application de la méthode SI à la nappe de l'Oued Guéniche

Application de la méthode SI
à la nappe d'Oued Guéniche

I- Elaboration des cartes paramétriques SI
I-1- Carte de la profondeur du plan d'eau

La carte SI relative à ce paramètre est la même que celle utilisée dans la méthode DRASTIC avec une seule différence qui consiste au fait que les cotes correspondantes aux différentes classes ont été multipliées par 10, et ceci pour faciliter la lecture des résultats obtenus. Cette carte montre l'existence de 3 classes de profondeur du plan d'eau : 1,5 – 4,5 ; 4,5 – 9 et 9 – 15 m, dont les cotes correspondantes sont respectivement 9, 7 et 5 (fig. 93).

I-2- Carte de la recharge nette de l'aquifère

La méthode de Williams et Kissel (1991) est la méthode adoptée pour le calcul de la recharge nette de l'aquifère dans le cas de méthode SI. La carte de recharge nette a été déjà établie selon cette méthode lors de l'élaboration des cartes DRASTIC. Cette carte qui montre des valeurs de recharge nette allant de 1 à 142 mm, a été classée en trois classes de recharge nette : 0 – 50 ; 50 – 100 et 100 – 180 mm (fig. 94) dont les cotes respectives selon la méthode SI sont 10, 30 et 60.

On remarque que 84 % de la superficie totale de la nappe sont caractérisées par une recharge nette inférieure à 50 mm.

I-3- Carte lithologique de l'aquifère

L'établissement de la carte relative à la lithologie de l'aquifère, lors de l'application de la méthode DRASTIC, a montré la présence de 19 classes lithologiques différentes qui ont été reclassées en 5 classes dont les cotes correspondantes varient de 30 à 70 (fig. 95).

I-4- Carte des pentes

La carte des pentes établie lors de l'application de la méthode DRASTIC a été réutilisée dans l'élaboration de la carte SI. Des cotes allant de 20 à 10 ont été attribuées aux différentes classes (fig. 96).

I-5- Carte d'occupation des sols

Pour établir la carte SI d'occupation des sols, nous nous sommes basé sur la carte d'occupation des sols à l'échelle 1/25.000, établie par le service SIG du CRDA de Bizerte en 1997 à partir de l'image satellitaire SPOT de 1994. La classification proposée par le modèle SI est la classification CORINE Land-Cover (European Community, 1993). Une valeur appelée facteur d'occupation des sols et notée LU, variant de 0 à 100, a été attribuée à

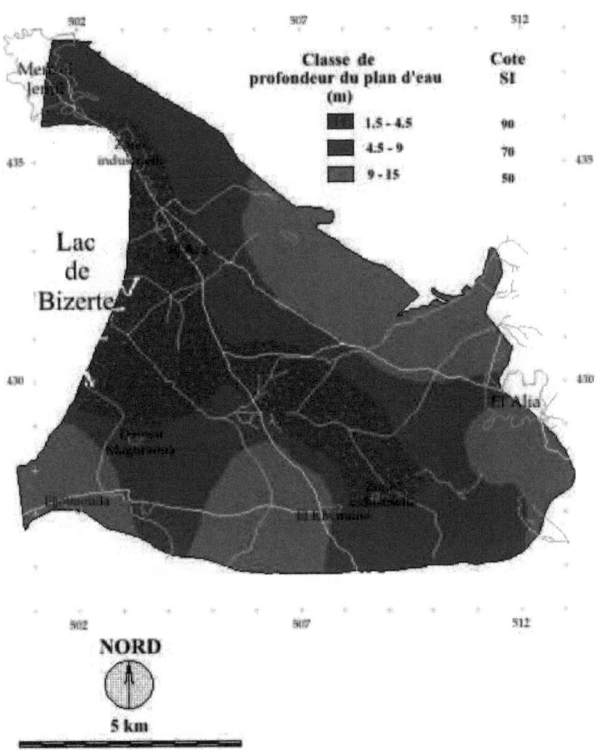

Fig. 93 : Carte de la profondeur du plan d'eau de la nappe de l'Oued Guéniche
(méthode SI)

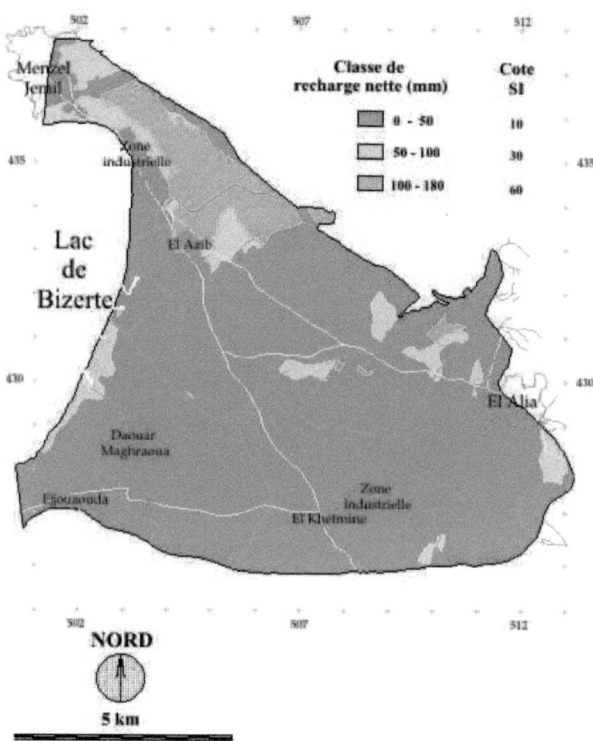

Fig. 94 : Carte de la recharge nette de la nappe d'Oued Guéniche
(méthode SI)

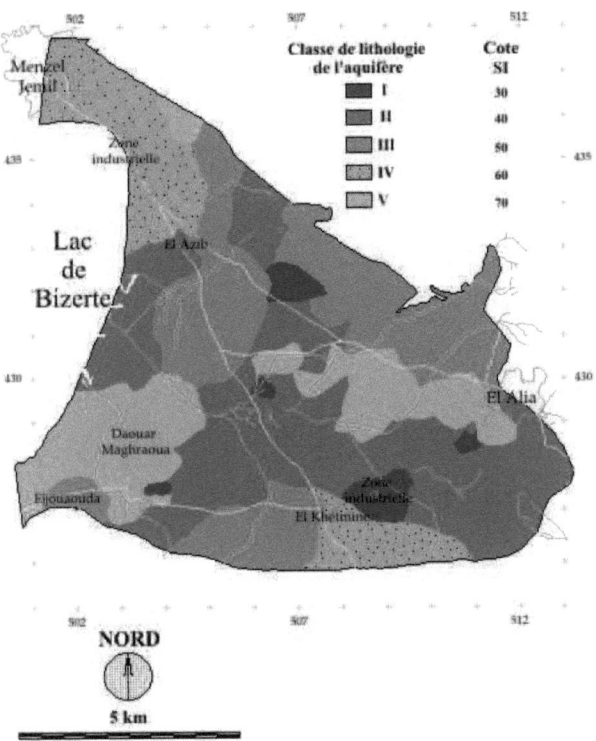

I : Argile peu sableuse ;
II : Argile sableuse ; Alternances d'argile et de sable argileux ; Argile sur des alternances de sable argileux ; Argile sur alternances de sable et d'argile ; Alternances d'argile et de sable (argile > sable) ; Alternances d'argile et de grès
III : Alternances d'argile sableuse et de sable ; Sable argileux ; Alternances d'argile avec du sable et du grès ; Sable argileux sur des alternances d'argile et de sable ; Alternances d'argile sableuse avec du sable et du grès ; Alternances de sable et de grès avec de l'argile sableuse ; Alternances de sable et de grès avec de l'argile (sable et grès > argile)
IV : Alluvions sableuses ; Alternances de sable et de sable argileux ; Alternances de grès et de sable argileux
V : Alternances de sable et de grès ; Grès

Fig. 95 : Carte de la lithologie de l'aquifère de la nappe de l'Oued Guéniche (méthode SI)

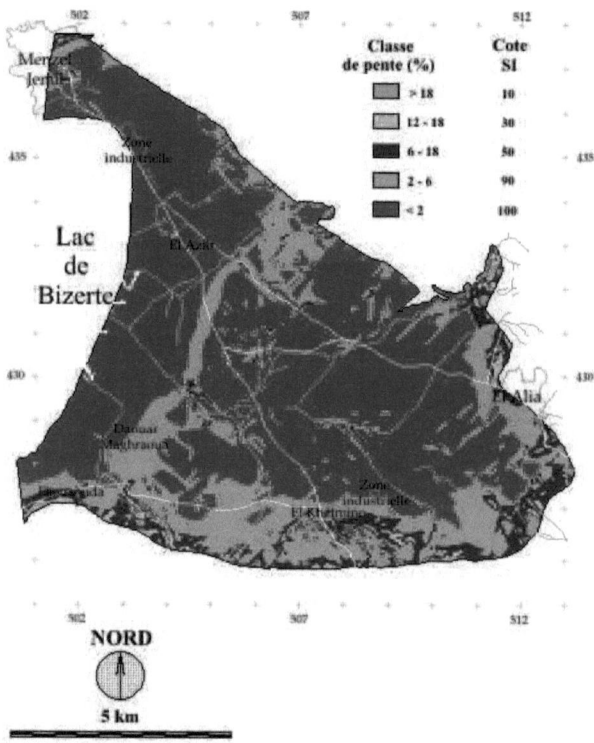

Fig. 96 : Carte des pentes de la nappe de l'Oued Guéniche
(méthode SI)

chaque classe d'occupation des sols.

La carte SI d'occupation des sols montre la présence de 5 classes différentes d'occupation des sols (fig. 97) (voir techniques de préparation de cette carte en annexe I).

II- Vulnérabilité déterminée par la méthode SI

Pour établir la carte SI de la vulnérabilité spécifique à la pollution par les nitrates de la nappe de l'Oued Guéniche (fig. 98), nous avons commencé par multiplier les 5 cartes paramétriques (cartes à cotes) par les valeurs de leurs poids correspondants (tab. 29). Ces cartes ont été ensuite sommées afin d'obtenir la carte des indices de vulnérabilité ISI (ISI étant égal à la somme des produits du poids de chaque paramètre par la valeur de sa cote). La carte obtenue a été enfin classée en degrés de vulnérabilité selon le tableau 30.

La carte de vulnérabilité SI, à l'échelle 1/50.000, montre l'existence de trois degrés de vulnérabilité à la pollution : faible, moyen et élevé.

Les terrains à vulnérabilité faible n'occupent que 4 % de la superficie de la nappe. Ces territoires sont localisés au niveau de deux zones longeant l'Oued Jeddara, l'une située au niveau de son embouchure au bord du lac de Bizerte, l'autre étant située au niveau des broussailles localisés à l'Ouest de la ferme Jeddara. Le reste des terrains à faible vulnérabilité sont localisés au Nord Ouest et au Sud de la ville d'El Alia.

Les terrains à vulnérabilité élevée occupent 21 % de la superficie totale de la nappe, ils sont localisés dans les régions suivantes :
- Une zone étendue localisée au Sud de la ville de Menzel Jemil atteignant le village d'El Azib.
- Une zone étendue localisée à l'Est de la ville d'El Alia.
- Une zone étendue localisée au Nord, au Nord Est et au Nord Ouest de l'agglomération rurale de Daouar Maghraoua, et atteignant la bordure du lac de Bizerte.
Ces terrains sont généralement caractérisées par :
- une occupation des sols relative au périmètre irrigué, aux cultures annuelles et aux mosaïques de cultures annuelles, d'arbres fruitiers et de vignes ;
- une profondeur faible du plan d'eau (comprise entre 1.5 et 9 m) ;
- une recharge nette de l'aquifère généralement supérieure à 50 mm/an ;
- un aquifère de lithologie gréso-sableuse sableuse, ou sablo-argileuse ;
- une pente faible, inférieure à 2 %.

La plus grande partie de la surface nappe, soit 75 % de cette surface, est occupée par des terrains à vulnérabilité moyenne.

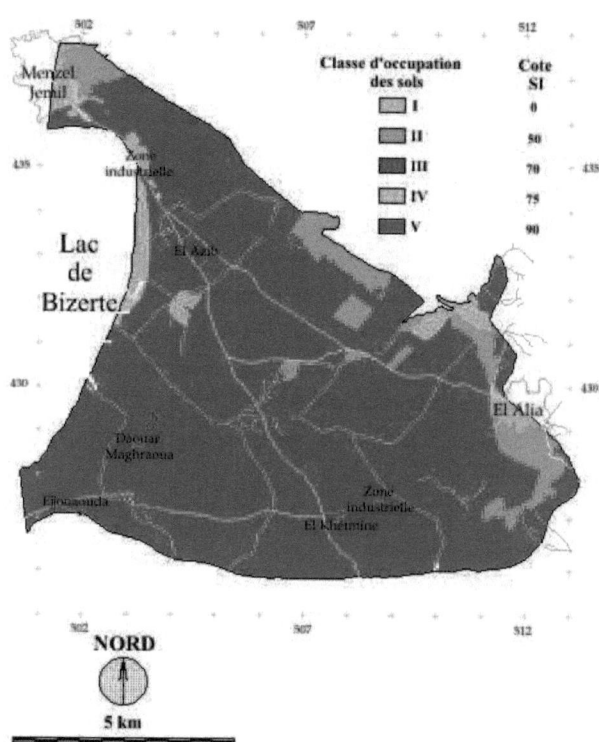

I : Parcours, Maquis/Garrigue
II : Mosaïque de cultures annuelles, d'arbres fruitiers et de vignes
III : Agglomérations rurales denses, Agglomérations rurales dispersées
IV : Agglomérations urbaines (habitations, zones industrielles, ...)
V : Cultures annuelles, Périmètres irrigués, Mosaïque de cultures annuelles et de parcours, Vignes et oliviers irrigués

Fig. 97 : Carte d'occupation des sols de la nappe de l'Oued Guéniche (méthode SI)

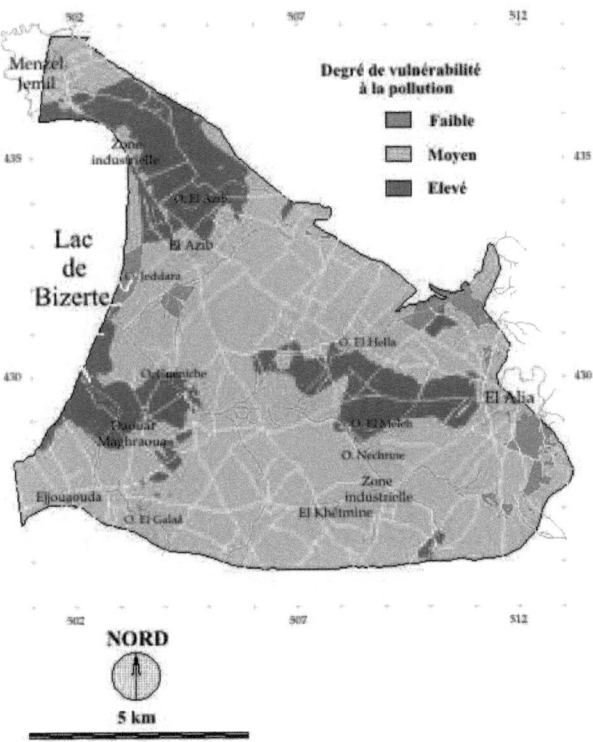

Fig. 98 : Carte de vulnérabilité spécifique à la pollution par les nitrates de la nappe de l'Oued Guéniche (méthode SI)

Troisième Partie
Cinquième Chapitre

Vulnérabilité à la pollution par les nitrates de la nappe de l'Oued Guéniche, validité des résultats

Vulnérabilité à la pollution par les nitrates de la nappe de l'Oued Guéniche, validité des résultats

La validité des méthodes de vulnérabilité DRASTIC standard (classification d'Engel et al., 1996), SINTACS (Civita. 1994), et SI (Ribeiro, 2000) à la pollution par les nitrates a été testée en comparant la répartition des différents degrés de vulnérabilité avec la répartition des nitrates dans les eaux de la nappe de l'Oued Guéniche. Les concentrations en nitrates considérées comme faibles sont celles inférieures à 50 mg/l, celles comprises entre 50 et 150 mg/l sont considérées comme moyennes et celles supérieures à 150 mg/l sont considérées comme élevées (Stigter et al., 2006).

Les mesures de NO_3^- disponibles dans la nappe de l'Oued Guéniche sont au nombre de 23 (voir annexe III), dont 11 sont relatives à l'année 2002 et les 12 autres à l'année 1993. Les teneurs observées sont considérées stationnaires vue que les conditions hydrogéologiques, climatiques et d'exploitation de la nappe ainsi que l'occupation des sols n'ont pas beaucoup changé depuis 1993.

Les figures 99, 100 et 101 représentent respectivement les cartes de vulnérabilité à la pollution DRASTIC standard, SINTACS et SI ainsi que la répartition des trois classes de concentrations en nitrates.

I- Vérification de la validité de la carte de vulnérabilité DRASTIC standard

En se basant sur le tableau 43 nous pouvons déduire que les 23 valeurs de concentration en nitrates se répartissent comme suit :

- 11 valeurs sont supérieures à 150 mg/l dont une seule (soit 9 % de ces valeurs) coïncide avec la zone à vulnérabilité DRASTIC standard élevée, 7 (soit 63 % de ces valeurs) coïncident avec la zone à vulnérabilité moyenne, et 3 (soit 28 % de ces valeurs) avec la zone à vulnérabilité faible.

- 3 valeurs sont comprises entre 50 et 150 mg/l dont 2 (soit 66 % de ces valeurs) coïncident avec la zone à vulnérabilité moyenne et une seule (soit 34 % de ces valeurs) avec la zone à faible vulnérabilité.

- 9 valeurs sont inférieures à 50 mg/l dont 5 (soit 55 % de ces valeurs) coïncident avec la zone à vulnérabilité faible, et 4 (soit 45 % de ces valeurs) avec la zone à vulnérabilité moyenne.

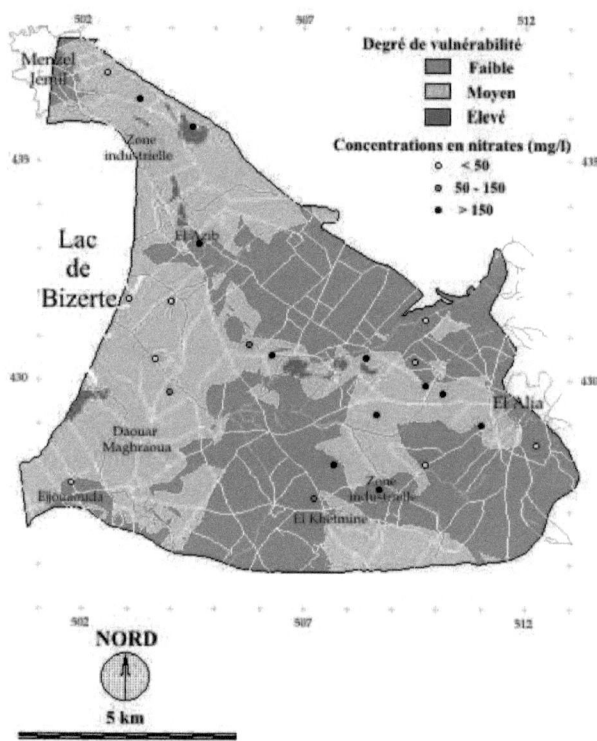

Fig. 99 : Répartition des nitrates dans la carte DRASTIC standard de la nappe de l'Oued Guéniche

Troisième Partie - Chapitre V (Vulnérabilité à la pollution par les nitrates de la nappe de l'Oued Guéniche, validité des résultats)

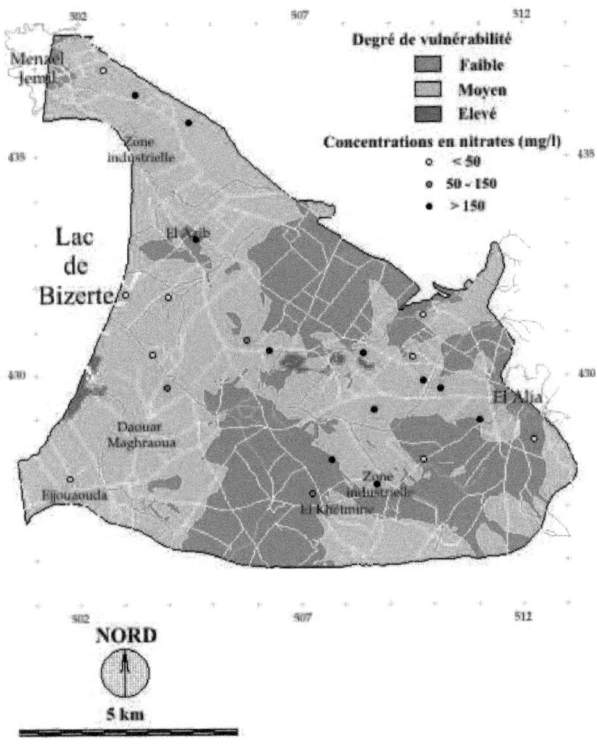

Fig. 100 : Répartition des nitrates dans la carte SINTACS de la nappe de l'Oued Guéniche

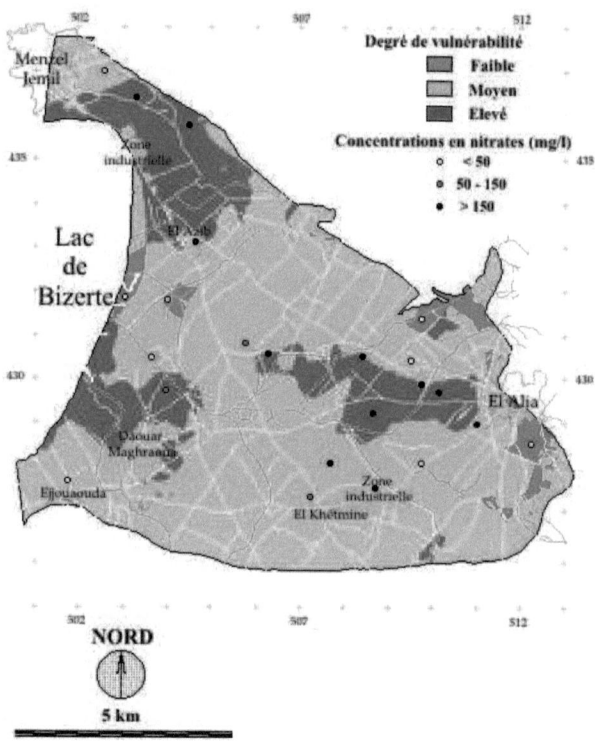

Fig. 101 : Répartition des nitrates dans la carte SI
de la nappe de l'Oued Guéniche

Tab. 42 : Coïncidence entre les concentrations en nitrates et les classes de vulnérabilité DRASTIC standard

	Vulnérabilité élevée	Vulnérabilité moyenne	Vulnérabilité faible
Nombre de valeurs élevées de [NO_3^-] (supérieures à 150 mg/l)	1	7	3
Nombre de valeurs moyennes de [NO_3^-] (comprises entre 50 et 150 mg/l)	0	2	1
Nombre de valeurs faibles de [NO_3^-] (inférieures à 50 mg/l)	0	4	5

II- Vérification de la validité de la carte de vulnérabilité SINTACS

Le tableau 44 montre que :

- Parmi les 11 valeurs supérieures à 150 mg/l aucune ne coïncide avec la zone à vulnérabilité SINTACS élevée, 8 (soit 72 % de ces valeurs) coïncident avec la zone à vulnérabilité moyenne et 3 (soit 28 % de ces valeurs) avec la zone à vulnérabilité faible.

- Parmi les 3 valeurs comprises entre 50 et 150 mg/l, 2 (soit 66 % de ces valeurs) coïncident avec la zone à vulnérabilité moyenne et une seule (soit 34 % de ces valeurs) avec la zone à faible vulnérabilité.

- Parmi les 9 valeurs inférieures à 50 mg/l, 2 (soit 23 % de ces valeurs) coïncident avec la zone à vulnérabilité faible et 7 (soit 77 % de ces valeurs) avec la zone à vulnérabilité moyenne.

III- Vérification de la validité de la carte de vulnérabilité SI

Le tableau 45 montre que :

- Parmi les 11 valeurs supérieures à 150 mg/l, 7 (soit 63 % de ces valeurs) coïncident avec la zone à vulnérabilité SI élevée et 4 (soit 37 % de ces valeurs) avec la zone à vulnérabilité moyenne.

- Parmi les 3 valeurs comprises entre 50 et 150 mg/l, 2 (soit 66 % de ces valeurs) coïncident avec la zone à vulnérabilité moyenne et une seule (soit 34 % de ces valeurs) avec la zone à vulnérabilité élevée.

- Parmi les 9 valeurs inférieures à 50 mg/l, 4 (soit 45 % de ces valeurs) coïncident avec la zone à vulnérabilité faible et 5 (soit 55 % de ces valeurs) avec la zone à vulnérabilité moyenne.

Tab. 43 : Coïncidence entre les concentrations en nitrates et les classes de vulnérabilité SINTACS

	Vulnérabilité élevée	Vulnérabilité moyenne	Vulnérabilité faible
Nombre de valeurs élevées de [NO_3^-] (supérieures à 150 mg/l)	0	8	3
Nombre de valeurs moyennes de [NO_3^-] (comprises entre 50 et 150 mg/l)	0	2	1
Nombre de valeurs faibles de [NO_3^-] (inférieures à 50 mg/l)	0	7	2

Tab. 44 : Coïncidence entre les concentrations en nitrates et les classes de vulnérabilité SI

	Vulnérabilité élevée	Vulnérabilité moyenne	Vulnérabilité faible
Nombre de valeurs élevées de [NO_3^-] (supérieures à 150 mg/l)	7	4	0
Nombre de valeurs moyennes de [NO_3^-] (comprises entre 50 et 150 mg/l)	1	2	0
Nombre de valeurs de faibles de [NO_3^-] (inférieures à 50 mg/l)	0	5	4

IV- Conclusions

La comparaison des différentes cartes de vulnérabilité par rapport aux concentrations en nitrates disponibles dans les eaux de la nappe permet de tirer les conclusions suivantes :

- La méthode la plus valide à l'évaluation de la vulnérabilité à la pollution par les nitrates dans la nappe de l'Oued Guéniche est la méthode SI (Ribeiro, 2000) avec un taux de coïncidence de 57 % entre les concentrations en nitrates et les différentes classes de vulnérabilité (13 valeurs sur 23). Ce taux de coïncidence peut être détaillé comme suit : un taux de coïncidence de 63 % existe entre les concentrations élevées en nitrates (supérieures à 150 mg/l) et les zones à vulnérabilité élevée, un taux de coïncidence de 66 % entre les concentrations moyennes (comprises entre 50 et 150 mg/l) et les zones à moyenne vulnérabilité et un taux de coïncidence de 45 % entre les faibles concentrations (inférieures à 50 mg/l) et les zones à faible vulnérabilité. Il est à rappeler que la méthode SI est une méthode de vulnérabilité spécifique à la pollution agricole par les nitrates et qu'elle prend en compte un facteur important qui n'est pas considéré dans les deux autres méthodes : le facteur occupation des sols.

- La carte de vulnérabilité DRASTIC standard montre un taux de coïncidence moins élevé, égal à 34 % (8 valeurs sur 23), avec un taux de coïncidence de 9 % entre les fortes concentrations en nitrates et les zones à vulnérabilité élevée, un taux de coïncidence de 66 % entre les concentrations moyennes et les zones à moyenne vulnérabilité et un taux de coïncidence de 55 % entre les faibles concentrations en nitrates et les zones à faible vulnérabilité.

- La carte de vulnérabilité SINTACS de la nappe de l'Oued Guéniche montre quant à elle le taux de coïncidence le plus faible, soit 18 % (4 valeurs sur 23), avec un taux de coïncidence nul entre les concentrations élevées en nitrates et les zones à vulnérabilité élevée, un taux de coïncidence de 66 % entre les concentrations moyennes et les zones à vulnérabilité moyenne, et un taux de coïncidence de 17 % entre les faibles concentrations en nitrates et les zones à vulnérabilité faible.

Troisième Partie
Conclusion

Conclusion

L'étude de la vulnérabilité à la pollution de la nappe de l'Oued Guéniche a permis de dégager des données intéressantes relatives à la recharge nette de l'aquifère, à la lithologie et à la conductivité hydraulique de l'aquifère, à la nature des sols et à la lithologie de la zone vadose. Ces données étaient auparavant soit inexistantes, soit non détaillées dans la zone d'étude. L'évaluation de la recharge nette de l'aquifère a été effectuée en appliquant les équations de Williams et Kissel dans le cas des méthodes de vulnérabilité DRASTIC et SI, et la méthode d'England dans le cas de la méthode SINTACS. Les résultats ainsi obtenus ne sont pas très différents. Une nouvelle carte lithologique de l'aquifère a été élaborée à partir de la combinaison des données de profondeur du plan d'eau (ayant servi à délimiter l'aquifère) et des données des corrélations lithostratigraphiques et de conductivité hydraulique de l'aquifère. La carte lithologique de l'aquifère ainsi élaborée a servi à l'établissement d'une carte détaillée de la conductivité hydraulique de l'aquifère. L'étude de la vulnérabilité a également permis d'établir une carte pédologique détaillée de la région étudiée et ceci en combinant les données de deux études pédologiques effectuées auparavant dans la région. Enfin, cette étude a permis d'établir une nouvelle carte lithologique de la zone vadose.

Les méthodes de vulnérabilité appliquées dans la nappe de l'Oued Guéniche sont la méthode DRASTIC, en ces deux versions standard et pesticides, la méthode SINTACS et la méthode SI. Les deux premières étant des méthodes de vulnérabilité intrinsèque s'intéressant uniquement aux caractéristiques du milieu naturel qui déterminent la sensibilité des eaux souterraines à la pollution, tandis que la méthode SI est une méthode vulnérabilité spécifique aux nitrates qui prend en compte les propriétés chimiques des nitrates ainsi que ses relations avec les divers composants considérés dans la vulnérabilité intrinsèque.

Les facteurs déterminants de la vulnérabilité DRASTIC standard sont la profondeur du plan d'eau, la lithologie de la zone vadose et la lithologie de l'aquifère et sa conductivité hydraulique, alors que ceux qui déterminent la vulnérabilité DRASTIC pesticides sont essentiellement la profondeur du plan d'eau, la lithologie de la zone vadose, les sols, la lithologie de l'aquifère et la pente. La vulnérabilité SINTACS est quant à elle liée à la profondeur du plan d'eau, à la recharge efficace de l'aquifère, à la lithologie de la zone vadose, aux sols, à la lithologie et la conductivité hydraulique de l'aquifère et à la pente. Enfin, pour la vulnérabilité relative à la méthode SI, les facteurs déterminants sont essentiellement la lithologie de l'aquifère, l'occupation des sols, la recharge nette et la profondeur du plan d'eau.

Troisième Partie - Conclusion

Les résultats de l'étude de la validité des différentes méthodes appliquées montrent que la méthode SI, méthode de vulnérabilité spécifique à la pollution diffuse par les nitrates, est celle la plus adaptée à l'évaluation de la vulnérabilité à la pollution par les nitrates dans la nappe de l'Oued Guéniche. En effet, le taux de coïncidence entre les différentes classes de vulnérabilité et les concentrations en nitrates disponibles est de 57 %, ce qui représente le taux de coïncidence le plus élevé par rapport aux taux relatifs aux méthodes DRASTIC standard et SINTACS.

Conclusion Générale

Conclusion Générale

La présente étude portant sur la vulnérabilité à la pollution des nappes phréatiques de Ras Jebel et de l'Oued Guéniche, a été effectuée en utilisant trois méthodes paramétriques appliquées par les systèmes d'information géographique SIG : la méthode DRASTIC avec ses deux versions standard et pesticides (Aller et al., 1987; Engel et al., 1996), la méthode SINTACS (Civita, 1994) et la méthode SI (Ribeiro, 2000). Les deux premières méthodes s'adressent à la vulnérabilité verticale intrinsèque et celle de SI est spécifique à la vulnérabilité verticale vis-à-vis des nitrates.

Cette approche a permis de dégager, pour la première fois, outre les cartes de vulnérabilité à la pollution, celles relatives aux deux zones d'étude concernant les paramètres suivants : recharge nette de l'aquifère, lithologie de l'aquifère, lithologie de la zone vadose, pédologie et conductivité hydraulique de l'aquifère.

Ainsi, il a été démontré pour le calcul de la recharge nette que les valeurs sont assez voisines en appliquant les méthodes de Williams et Kissel, de Rao et celle d'England. En revanche, elles sont différentes comparativement à celles obtenues avec la méthode classique de la balance hydrique appliquée dans le cas de la nappe de Ras Jebel.

Quatre cartes de vulnérabilité ont été dégagées pour chaque nappe : DRASTIC standard, DRASTIC pesticides, SINTACS et SI. Les trois cartes DRASTIC standard, SINTACS et SI ont été interprétées et comparées afin de dégager la méthode adéquate approchant au mieux la réalité dans les nappes étudiées vis-à-vis de la pollution par les nitrates. Les résultats obtenus dans chaque méthode se résument en trois classes de vulnérabilité (faible, moyenne, élevée) réparties dans chaque zone d'étude.

Il en ressort vis-à-vis de la classe de vulnérabilité élevée que les pourcentages de territoires concernés soient les suivants :
- Dans la nappe de Ras Jebel : 12 % (SI), 6 % (DRASTIC) et 1 % (SINTACS).
- Dans la nappe de L'Oued Guéniche : 21 % (SI), 1.3 % (DRASTIC) et 0.9 % (SINTACS).

Ainsi, on remarque que le degré de vulnérabilité varie en fonction de la méthode adoptée et que le pourcentage le plus élevé correspondant à la haute vulnérabilité, est obtenu par la méthode SI. Cette méthode prend en considération le paramètre "occupation des sols" qui n'est pas considéré dans les deux autres méthodes. Ce paramètre, faisant intervenir les différents types d'occupation (agriculture, industrie, zones urbaines, etc.), est important dans l'étude de la vulnérabilité spécifique à la pollution par les nitrates qui sont les polluants les plus menaçants dans les deux zones étudiées, et par conséquent ne peut pas être négligé dans la présente étude. En revanche, les deux autres méthodes correspondant à la vulnérabilité intrinsèque, traitent la pollution d'une manière globale sans prendre en considération la nature chimique des polluants.

Pour valider les résultats de vulnérabilité obtenus, des comparaisons ont été effectuées entre ces résultats et les distributions des nitrates dans les deux nappes. Il en résulte que les taux de coïncidence les plus élevés entre les différentes classes de vulnérabilité et les concentrations des nitrates ont été observés avec la méthode SI : 78 % dans la nappe de Ras Jebel et 57 % dans la nappe de l'Oued Guéniche. Il est probable que de tels taux auraient été plus importants si des mesures de nitrates plus nombreuses étaient effectuées dans ces nappes. Néanmoins, ces résultats concordent avec ceux obtenus, pour les mêmes conditions climatiques, par d'autres auteurs au Portugal (Francés et al., 2002; Ribeiro et al., 2003; Batista, 2004; Oliveira et Lobo Ferreira, 2005; Stigter et al., 2006). Il serait opportun qu'une telle application soit validée dans d'autres régions à climat semi-aride et aride de Tunisie. De plus, d'autres actions relatives à d'autres polluants inorganiques et aux pesticides seraient nécessaires pour une meilleure validation de ces résultats.

Enfin, il faut signaler que l'impact d'une telle étude permet entre autres de délimiter des zones de protection au niveau des nappes étudiées.

Références Bibliographiques

Références Bibliographiques

Added A., Hamza M.H. (1999). Evaluation of the vulnerability in Metline aquifer (Northeast of Tunisia), ESRI User Conference, San Diego, USA.

Albinet M., Margat J. (1970). Cartographie de la vulnérabilité à la pollution des nappes d'eau souterraine. Bull. BRGM Paris 2, 3, 4. pp.13-22.

Aller L., Bennet T., Lehr J.H., Petty R.J., Hacket G. (1987). DRASTIC : a standardised system for evaluating ground water pollution potential using hydrogeologic settings. US Environmental Protection Agency Report (EPA/600/2-87/035), Robert S. Kerr Environmental Research Laboratory, 455 pp.

Appelo C.A.J., Postma D. (1996). Geochemistry, groundwater and pollution, A. A. Balkema, Rotterdam.

Arnoff S. (1989). Geographic information systems : A management perspective. Ottawa, Canada. WDL Publications.

Azzouz A. (1995, 1997 et 1998). Comptes rendus de sondages électriques effectués par la société de prospection hydrogéologique "Hydro-Services" au niveau de différentes régions de la nappe de Ras Jebel.

Balti M. (1986). Note sur l'exploitation de la nappe phréatique de Ras Jebel. Rapport interne DGRE, réf 3/27, 19 pp.

Batista S. (2004). Exposição da água subterrânea a pesticidas e nitratos em ecossistemas agrícolas do Ribatejo e oeste e da BeiralLitoral. Tese de doutoramento em engenharia agronómica, Instituto superior de agronomia, Lisboa.

Bézèlgues S., Dougaparsad M.(2002). Suivi piézométrique des nappes de Grande-Terre et de Marie-Galante (Guadeloupe), compte rendu des données acquises en 2001 – BRGM/RP 51 445 FR.

Born S.M., Stephensons D.A. (1969). Hydrogeologic considerations in liquid waste disposal. Journ. Soil and Wat.Conserv. 24, 2, pp. 52-55.

Burollet P.F. (1951). Etude géologique des bassins Mio-Pliocènes du Nord Est de la Tunisie. Ann. Mines et Géol. n°7, 82 pp + annexes + cartes.

Burollet P.F. (1952). Carte géologique de Porto Farina (Ghar El Melh) au 1/50.000. Service géologique.

Burrough P.A. (1994). Principles of geographic information systems for land resource assessment. Oxford Univ. Press, NY, USA, 130 pp.

Choura A. (1994). Impact de la surexploitation et de la recharge artificielle de la nappe de Ras Jebel. DEA, Univ. Tunis II, FST, 56pp + annexes.

Civita M. (1973). L'infiltrazione potenziale media annua nel massiccio dei Matese (Italia Meridionale). Atti 20 Conv. Intern. Acque Sotterr., Palerrno, pp. 1-14.

Civita M. (1975). Criteri di valutazione delle risorse idriche sotterranee in regioni carsiche. Atti 30 Conv. Intern. Acque Sotter., Palerrno, pp. 217-237.

Civita M. (1994). La carte della vulnerabilità degli acquiferi all'inquiamento : Teoria e Pratica. Pitagora editrice, Bologna. 325 pp.

Civita M., Cocozza T., Forti P., Perna G., Turi B. (1983). Idrogeologia dei bacino minerario dell'Iglesiente (Sardegna Sud Occidentale). Mem. Ist. Ital. Speleol., 2.

Civita M., Perna G., Turi B. (1994). Idrogeologia. Il bacino carbonifero del Sulcis. "Geologia, Idrogeologia, Miniere" (a cura di Fadda A., Ottelli L., Pema G), EDISAR (Cagliari), pp. 73-110, 1 Carta idrogeologica 1:25.000.

Civita M., Vigna B., Peano G. (1984). La stazione sperimentale della Grotta di Bossea nel quadro delle ricerche idrogeologiche sui sistemi carsici dei Monregalese, Alpi Marittime. Mem. Soc. Geol. It., 29 (1984), pp. 187-207.

Commissariat Régional de Développement Agricol : CRDA de Bizerte (1997, 1998, 1999 et 2000). Comptes rendus d'études pédologiques effectuées à Metline, Ras Jebel et Raf Raf.

Del Re A.A.M., Trevisan M. (1993). Testing models of the unsaturated zone. Atti 11° Symp. Pesticide chemistry, Piacenza, pp. 5-31.

Didier M. (1990). Utilité et valeur de l'information géographique, Paris, Economica, 255 p.

Direction Générale des Ressources en Eau : DGRE (2002). Annuaire piézométrique de la Tunisie.

Direction Générale des Ressources en Eau : DGRE (1982-2002). Annuaires pluviométriques de la Tunisie.

Druliner A.D., Mc Grath T.S. (1996). Predicting nitrate-nitrogen and atrazine contamination in the high plains aquifer in Nebraska, USGS Water-Resources Investigations Report 95-4202.

El Ghali A., Ben Ayed N. (2000). Carte géologique de la Tunisie au 1/50 000. Feuille de Metline. Service géologique, ONM, Tunisie.

Engel B.A., Navulur K.C.S., Cooper B.S., Hahn L. (1996). Estimating groundwater vulnerability to non-point source pollution from nitrates and pesticides on a regional scale. International Association of Hydrological Science Publications. 235. pp 521-526.

England C.B. (1973). Relative leaching potentials estimated from the hydrologic soil groups. Wat.Res.Bull.Am.Wat.Ras.Bull.Ass. 9,3. pp 590-597.

Ennabli M. (1966). Etude hydrogéologique de la plaine de l'Oued Guéniche. Rapport interne BIRH, 77 pp.

Références Bibliographiques

Ennabli M. (1969). Etude hydrogéologique de la plaine de Ras Jebel. Rapport interne DGRE, réf 7/57, 134 pp + annexes.

Essayeh F. (1996). Apport de la méthode de prospection électrique à l'étude des problèmes d'intrusion marine dans la plaine de Ras Jebel - Raf Raf. DEA, Univ Tunis II, FST, 100 pp + annexes.

European Community (1993). CORINE Land Cover-Guide technique. Office des Publications Officielles des Communautés Européennes.

Faïz S.O. (1999). Systèmes d'Informations Géographiques: Information Qualité et Data Mining", Tunis, Éditions C.L.E., 362 p.

FICCDC (1988). The proposed standard for digital cartographic data, The American Cartographer, Vol 15 (1).

Foster S.S.D. (1987). Fundamental concepts in aquifer vulnerability, pollution risk and protection strategy, Vulnerability of soil and groundwater to pollutants, vol. 38, edited by W.v. Duijvenbooden and H.G.v. Waegeningh, pp. 69-86, TNO Commitee on Hydrological Research, The Hague.

Fournet A., Mouri A. (1990). Reconnaissance pédologique des périmètres d'irrigation de Beni Ata et de Chaab Eddoud. Rapport interne, Direction des Sols.

Francés A., Paralta E., Fernandes J., Ribeiro L. (2002). Development and application in the Alentejo region of a method to assess the vulnerability of groundwater to diffuse agricultural pollution : the susceptibility index, 3rd International conference on future groundwater resources at risk, CVRM publ., Lisbon, Portugal, 35-44.

Freeze R.A., Cherry J.A. (1979). Groundwater, Prentice Hall, Engle-wood Cliffs, NJ, 604 pp.

Gilson S. (1995). Enquête hydropédologique sur les zones à risque des futurs périmètres irrigués de Menzel Jemi 1- El Alia. Edition CRDA de Bizerte et AGRAR-UND HYDROTECHNIK GMBH ingénieurs conseils, Essen, Allemagne. 10 pp. + annexes.

Gogu R., Dassargues A. (1998). A short overview on groundwater vulnerability assessment (basic statements for use in the framework of the COST 620 Action). Workshop : Vulnérabilité et protection des eaux karstiques. Neuchâtel (Suisse).

Gogu R., Dassargues A. (2000). Current trends and future challenges in groundwater vulnerability assessment using overlay and index methods. *Environmental Geology*, 39(6), 549-559.

Granottier J. (1933). Etude hydrogéologique des régions d'El Alia, Metline et Ras Jebel. Rapport interne DGRE, réf 3/1, 18 pp.

Graillat A., Bouchet C. (1994). Carte de vulnérabilité à la pollution de la nappe de la Grande-Terre. Coupure IGN 4603 G de Pointe-à-Pitre échelle 1/25 000, Rapport BRGM R 37 896 ANT 4S 94 C 420 00802.

Haj Ltaief Z. (1995). Nappe de l'Oued Guéniche : Evaluation des ressources et impact de la surexploitation. DEA, FST, Univ. Tunis II, 94 pp. + annexes.

Hamza M.H. (1999). Etude de la vulnérabilité à la pollution potentielle de la nappe de Ras Jebel par les systèmes d'information géographique. DEA, FST, Univ. Tunis II, 102 pp.

Hamza M.H., Added A., Ben Mammou A., Abdeljaoued S., Rodríguez R. (2004). Evaluation de la vulnérabilité à la pollution potentielle par les pesticides, de la nappe côtière alluvionnaire de la plaine de Metline-Ras Jebel-Raf Raf, Nord-Est tunisien, selon la méthode DRASTIC appliquée par les systèmes d'information géographique. La Houille Blanche Revue Internationale de l'Eau, n° 2004/5, 86-94. *http://www.shf.asso.fr/LHB/LHB2004/LHB04-5/resumesLHB5-04.htm#N°11.*

Hamza M.H., Added A., Rodríguez R., Abdeljaoued S., Ben Mammou A. (2006). A GIS-based DRASTIC vulnerability and net recharge reassessment in an aquifer of a semi-arid region (Metline-Ras Jebel-Raf Raf aquifer, Northern Tunisia). Article sous presse au "Journal of Environmental Management", Edition Elsevier.
http://dx.doi.org/10.1016/j.jenvman.2006.04.004

Hughes G.M., Landon R.A., Farvolden R.N. (1971). Hydrogeology of solid waste disposal sites in Northeastern Illinois. USEPA, SW122. 154 pp.

IGME (1985). Calidad y contaminación de las aguas subterráneas en España, Informe de sintesis, edited by Ministério Indústria y Energia.

Institut National de la Météorologie : INM (1982 - 2002). Institut de la Météorologie Nationale (INM), Tableaux climatologiques mensuels, station de Bizerte-Sidi Ahmed.

Kallel M.R. (1989). Hydrologie du lac de Bizerte, rapport interne DGRE, 41 pp.

Le Grand H.E. (1966). Patterns of contaminated zones of water in the ground. Wat. Res. Research. 1, 1. pp. 83-95.

Le Grand H.E. (1983). A standardized system for evaluating waste disposal sites. Nat. Wat. Well. Assoc. Wortinghton, Ohio. 2nd edition. 49 pp.

Le Floc'h J. (1959). Etude pédologique de la bordure Sud du lac de Bizerte. Edition SOGETHA. 56 pp. + 3 cartes + annexes.

Leonard R.A., Knisel W.G., Still D.A. (1987). GLEAMS, groundwater loading effects of agricultural management systems. Transac. ASAE, 30, pp. 1403-1418.

Mansour H. (1988). Carte pédologique de Beni Ata, Ras Jebel et Raf Raf au 1/12.500. Publ. Direction des sols de Tunisie.

Mariotti A. (1994). Dénitrification in situ dans les eaux souterraines, processus naturels ou provoqués, Hydrogéologie (3), pp. 43-68.

Office de la Topographie et de la cartographie OTC (1981). Carte topographique de la Tunisie au 1/25.000. Feuilles de Metline S. O., de Metline S. E., de Ghar El Melh N. E. et de Ghar El Melh N. O.

Oliveira M., Lobo-Ferreira J.P. (2005). Análise de sensibilidade de aplicação de métodos indexados de avaliação da vulnerabilidade à poluição de águas subterrâneas, Ribeiro L., Peixinho de Cristo F., Andreo B., Sanchez-Vila X. editions. As águas subterrâneas no sul da penínsla Ibérica, 239-252, APRH publ., Lisboa.

Palmquist R., Sendlein L.V.A. (1975). The configuration of contamination enclaves from refuse disposal sites on flood plains. Ground Wat. 13, 2. pp. 167-181.

Parker R.L., Winslow H.L., Michael B.S. (1988). Wellhead Protection in Vermont: Assessment and Management of Proposed and Existing Risks to Drinking Water Quality and Quantity", *EPA Wellhead Protection Conference*, New Orleans.

Pavoni J.L., Hagerty D.J., Lee R.E. (1972). Environmental impact evaluation of hazardous waste disposal in land. Wat. Res. Bull. of Amer.Wat.Res.Ass. 8, 6. pp. 1091-1107.

Pekny V., Skorepova I. (1999). Impact on diffuse agricultural pollution sources on groundwater quality in the Czech Republic, Hydrogéologie (2), 71-77.

Pimienta J. (1949). Etude hydrogéologique de la plaine de Ras Djebel. Service géologique ONM, 128 p.

Rao K. (1970). Hydrometeorological aspects of estimating ground water potential. Seminar on Ground Water Potential, Bangalore, Geological Society of India, pp. 1-18.

Ribeiro L., Serra E., Paralta E., Nascimento J. (2003). Nitrate pollution in hard rock formations : Vulnerability and risk evaluation by geomathematical methods in Serpa-Brinches aquifer (south Portugal), Krázný J., Hrkal Z. and Bruthans J. editions, Proc of IAH international conference on groundwater in fractured rocks, 377-378, Prague, Czech Republic.

Ribeiro L., (2000). Desenvolvimento de um índice para avaliar a susceptibilidade dos aquíferos à contaminação, Nota interna, (não publicada), ERSHA-CVRM, 8 p.

Rodríguez R., Reyes R., Rosales J., Berlin J., Mejia J.A., Ramos A. (2001). Estructuracion de mapas tematicos de indices de vulnerabilidad acuifera de la mancha urbana de Salamanca Guanajuato. Technical Report, Municipio de Salamanca, CEAG, IGF-UNAM, 120 pp.

Ryker S.J., Williamson A.K. (1996). Pesticides in public supply wells of Washington State, U.S. Geological Survey Fact Sheet, pp. 122-96.

Stigter T.Y., Ribeiro L., Carvalho Dill A.M.M. (2006). Evaluation of an intrinsic and a specific vulnerability assessment method in comparison with groundwater salinisation and nitrate contamination levels in two agricultural regions in the south of Portugal, Hydrogeology Journal, Volume 14, Numbers 1-2, January.
http://dx.doi.org/10.1007/s10040-004-0396-3

Schnebelen N., Platel J.P., Le Nindre Y., Baudry D. (2002). Gestion des eaux souterraines en Aquitaine Année 5. Opération sectorielle. Protection de la nappe de l'Oligocène en région bordelaise, Rapport BRGM/RP-51178-FR.

Turc L. (1954). Le bilan d'eau des sols : relation entre les précipitations, l'évaporation et l'écoulement. Ann. Agron. 5, pp. 491-596.

Thornthwaite C.W. (1948). An approach toward a rational classification of climate. Geographical Review, New York 38 (1), 55-94.

Viessmann W., Knapp J.W., Lewis G.L. (1977). Introduction to hydrology. Haper and Row publishers, NY, pp. 618-625.

Vrba J., Zoporozec A. (1994). Guidebook on Mapping Groundwater Vulnerability. IAH International Contribution for Hydrogegology, Vol. 16/94, edited by I A H, Heise, Hannover, 131 pp.

Williams J.R., Kissel D.E. (1991). Water Percolation: An indicator of nitrogen-leaching potential in managing nitrogen for groundwater quality and farm profitability, In R.F. Follett, D.R. Keeney, R.M.Cruse (Eds.), pp. 59-83.

Yaron B., Dagan G., Goldshmid J. (1984). Pollutants in porous media - The unsaturated zone between soil surface and groundwater, Ecological Studies, vol. 47, pp. 297, Springer-Verlag, Bet-Dagan.

Annexes

Aperçu sur les techniques des SIG utilisées

I- Techniques utilisées pour l'établissement des cartes de la profondeur du plan d'eau

La fonction EDIT du logiciel Idrisi est utilisée pour créer le fichier vecteur relatif à la profondeur du plan d'eau. Ce fichier doit être du type ASCII et ayant un type d'objet en points. La carte de profondeur du plan d'eau est obtenue en utilisant la fonction INTERPOL qui permet d'interpoler une surface à partir d'un ensemble de points. La carte ainsi obtenue est classée en utilisant la fonction RECLASS d'Idrisi et ceci selon les classes adoptées dans les trois méthodes de vulnérabilité utilisées.

II- Techniques utilisées pour l'établissement des cartes de la recharge nette ou efficace de l'aquifère

Dans les deux méthodes de calcul de recharge nette utilisées (l'équation de Williams et Kissel et la méthode de Rao), la carte relative au terme P (pluviométrie et irrigation) est préparée en partant de la carte en polygones Arc/Info relative à la nappe en question. Cette carte est transférée vers le logiciel Idrisi en utilisant la fonction POLYGRID d'Arc/Info. Sur le logiciel Idrisi cette carte doit être traitée par la fonction ERDAS pour obtenir le fichier image correspondant. Ce fichier doit être traité à son tour par la fonction RESAMPLE pour lui attribuer les coordonnées réelles de la carte. L'image ainsi obtenue peut être ainsi utilisée pour la préparation des images relatives à la recharge efficace de l'aquifère en utilisant la fonction IMAGE CALCULATOR du logiciel Idrisi. Les images obtenues sont classées selon les classes adoptées dans les trois méthodes utilisées en utilisant la fonction RECLASS d'Idrisi.

III- Techniques utilisées pour l'établissement des cartes de la lithologie de l'aquifère

La préparation de ces cartes lithologiques de l'aquifère commence par la numérisation des cartes en polygones correspondantes sur ARC/Info. Après correction des erreurs et construction de la topologie, ces cartes sont transférées vers le logiciel Idrisi en utilisant la fonction POLYGRID d'Arc/Info. Sur le logiciel Idrisi ces cartes sont traitées par la fonction ERDAS pour obtenir les fichiers images correspondants. Ces fichiers doivent être traités à leur tour par la fonction RESAMPLE pour leur attribuer les coordonnées réelles de la carte. Les images obtenues sont classées selon les classes lithologiques adoptées dans les trois méthodes DRASTIC, SINTACS et SI en utilisant la fonction RECLASS d'Idrisi.

Annexe I - Aperçu sur les techniques des SIG utilisées

IV- Techniques utilisées pour l'établissement des cartes pédologiques

L'établissement des cartes pédologiques se fait de la même façon que pour les cartes lithologiques de l'aquifère. Les cartes pédologiques obtenues (images) sont classées selon les classes pédologiques adoptées dans les trois méthodes de vulnérabilité utilisées et ceci en utilisant la fonction RECLASS d'Idrisi.

V- Techniques utilisées pour l'établissement des cartes des pentes

Après numérisation sur Arc/Info de la carte topographique sous forme d'une carte en lignes, et après sa correction et la construction de sa topologie, cette carte est transférée vers le logiciel Idrisi sous forme d'un fichier vecteur par la commande UNGEN d'Arc/Info. Pour convertir le fichier en lignes obtenu et qui représente la carte topographique en un fichier vecteur Idrisi, nous utilisons la fonction ARCIDRIS du logiciel Idrisi.

Pour élaborer la carte des pentes les étapes suivantes doivent êtres suivies sur le logiciel Idrisi :
- Créer une image vide (image dont tous les pixels ont une valeur nulle) à l'aide la fonction INITIAL
- Convertir le fichier vecteur contenant des lignes en son équivalent Raster à l'aide de la fonction LINERAS
- Utiliser la fonction INTERCON pour produire le modèle numérique d'altitude (MNA). Cette fonction utilise les courbes de niveau numérisées sous forme de lignes "rastérisées" à l'aide de la fonction LINERAS.
- Appliquer la fonction SURFACE à l'image représentant le modèle numérique d'altitude pour obtenir la carte des pentes exprimées en pourcentage. Cette carte renferme des zones dépassant la région d'étude. Pour avoir la carte des pentes relative exactement à la superficie de la nappe, on prépare une carte formée d'un seul polygone interne relatif à la nappe et ayant un identificateur 1 et d'un autre polygone externe représentant les zones extérieures à la nappe et ayant un identificateur 0. Ensuite et à l'aide la fonction IMAGE CALCULATOR on multiplie la carte des pentes obtenue par la carte préparée. L'image résultante représente la carte des pentes du bassin versant.
- Classer enfin la carte obtenue selon les gammes de pente choisies dans les différentes méthodes. Ce classement s'effectue à l'aide la fonction RECLASS.

VI- Techniques utilisées pour l'établissement des cartes lithologiques de la zone vadose

L'établissement des cartes lithologiques de la zone vadose se fait de la même façon que pour les cartes lithologiques de l'aquifère et les cartes pédologiques comme l'a été expliqué auparavant. Les cartes lithologiques de la zone vadose obtenues sont classées selon les classes lithologiques adoptées dans les trois méthodes de vulnérabilité utilisées et ceci en en utilisant la fonction RECLASS d'Idrisi.

VII- Techniques utilisées pour l'établissement des cartes de conductivité hydraulique de l'aquifère

La conductivité hydraulique k est calculée par la formule $k = T/b$; avec k la conductivité hydraulique de l'aquifère (exprimée en m/j), T la transmissivité (exprimée en m^2/j), et b l'épaisseur de l'aquifère (exprimée en m). Les deux cartes relatives à la transmissivité et à l'épaisseur de l'aquifère sont préparées suite à un ensemble de traitements sur Arc/Info et Idrisi similaires à ceux utilisés pour l'élaboration de la carte lithologiques de l'aquifère. Les deux images résultantes sont utilisées pour déterminer la carte de conductivité hydraulique en utilisant la fonction IMAGE CALCULATOR d'Idrisi.

VIII- Techniques utilisées pour l'établissement des cartes d'occupation des sols

L'établissement des cartes d'occupation des sols utilisées dans la méthode SI se fait en suivant les mêmes techniques que pour les cartes lithologiques de l'aquifère comme l'a été expliqué auparavant. Les cartes d'occupation des sols obtenues sont classées selon les classes adoptées dans la méthode SI en utilisant la fonction RECLASS d'Idrisi.

IX- Techniques utilisées pour l'établissement des cartes de vulnérabilité

Les différentes cartes paramétriques relatives à chaque méthode de vulnérabilité sont multipliées par leurs poids relatifs et sont ensuite sommées pour obtenir la carte de vulnérabilité non classée en utilisant la fonction IMAGE CALCULATOR du logiciel Idrisi. La carte obtenue est classée en degrés de vulnérabilité en utilisant la fonction RECLASS du même logiciel.

Mesures de nitrates disponibles dans la nappe de Ras Jebel

Coordonnés x, y des puits (Projection Lambert Nord Tunisie, Unité linéaire: Km)	Valeurs des concentrations en nitrates dans les eaux des puits (mg/l)	Année
520.1126000000 , 436.9736000000	31	1993
520.5329000000 , 435.8317000000	10	1993
515.0892000000 , 437.2740000000	37.2	1993
516.1299000000 , 437.7348000000	6.82	2002
515.5695000000 , 437.8550000000	7.44	2002
520.1727000000 , 436.8734000000	11.78	2002
525.0621000000 , 433.3203000000	26	1993
516.2586060000 , 437.1936040000	112.86	2002
522.2588500000 , 434.4358220000	148.82	1993
522.6633300000 , 434.9253230000	118	1993
520.0738530000 , 436.7969670000	124	1993
517.1447750000 , 435.9200440000	124	1993
517.1741940000 , 436.4051820000	139.5	1993
518.6180420000 , 436.1591800000	130.2	1993
518.2496950000 , 435.8776250000	112.2	2002
519.8834840000 , 437.0022280000	68.2	2002
519.1810300000 , 435.5516970000	62	1993
515.8234860000 , 437.2914120000	76.9	1993
515.0419310000 , 437.7618410000	81.2	1993
521.9692990000 , 435.5998540000	293.93	2002
515.0441280000 , 439.0045470000	184.17	2002
523.7279050000 , 434.4314580000	206.49	2002
522.6163330000 , 435.1597290000	270	1993
521.8938000000 , 434.5695000000	220	1993
523.2147000000 , 434.8701000000	198.43	1993
518.8718000000 , 435.6714000000	238.7	1993
517.3708000000 , 436.5529000000	260.4	1993
516.5703000000 , 437.1939000000	217.03	2002

Annexe II - Mesures de nitrates disponibles dans la nappe de Ras Jebel

522.1740000000 , 435.0303000000	170	1993
517.3104000000 , 436.4527000000	155	1993
519.7924000000 , 435.7714000000	186	2002
517.8911000000 , 436.9736000000	186	1993

Mesures de nitrates disponibles dans la nappe de l'Oued Guéniche

Coordonnés x, y des puits (Projection Lambert Nord Tunisie, Unité linéaire: Km)	Valeurs des concentrations en nitrates dans les eaux des puits (mg/l)	Année
509.7380980000 , 428.0369870000	29.76	2002
501.7532350000 , 427.6228640000	32.25	2002
509.4974060000 , 430.3880620000	27.08	2002
502.5508000000 , 436.9966000000	44.56	1993
509.7625000000 , 431.3467000000	30	1993
512.2264000000 , 428.4917000000	30	1993
503.9931000000 , 431.7675000000	30	1993
503.0316000000 , 431.8276000000	32.25	1993
503.6325000000 , 430.4451000000	44.65	1993
503.9795230000 , 429.6910710000	140.76	2002
505.7633670000 , 430.7726440000	137.66	2002
507.2331540000 , 427.2768860000	101.08	2002
508.6979370000 , 427.4718320000	189.13	2002
509.7602840000 , 429.8489990000	187.27	2002
503.2720000000 , 436.3956000000	222	2002
508.4102000000 , 430.4752000000	220.76	1993
508.6506000000 , 429.1829000000	244.04	1993
507.6891000000 , 428.0409000000	217.03	1993
511.0024500000 , 428.9425000000	229.44	1993
504.4739000000 , 435.7645000000	293.93	2002
504.6241000000 , 433.0898000000	189.13	2002
510.1230000000 , 429.6638000000	310	1993
506.2768000000 , 430.5353000000	266.64	1993

EVALUATION DE LA VULNERABILITE A LA POLLUTION DES NAPPES PHREATIQUES DE RAS JEBEL ET DE L'OUED GUENICHE PAR LES METHODES PARAMETRIQUES DRASTIC, SINTACS, et SI APPLIQUEES PAR LES SYSTEMES D'INFORMATION GEOGRAPHIQUE

Résumé

Les nappes phréatiques de Ras Jebel et de l'Oued Guéniche (gouvernorat de Bizerte, Nord Est de la Tunisie) de superficies respectives 35 et 83 km^2 sont deux nappes dont les aires sont essentiellement occupées par des zones agricoles caractérisées par une utilisation de plus en plus importante des engrais chimiques qui représentent en plus des rejets des zones industrielles des villes de Ras Jebel et de Menzel Jemil et du village d'El Khétmine, un risque permanent pour la qualité des eaux souterraines. L'étude de la vulnérabilité à la pollution de ces nappes a été effectuée en appliquant les deux méthodes de vulnérabilité intrinsèque DRASTIC et SINTACS, et la méthode de vulnérabilité spécifique à la pollution par les nitrates : la méthode SI. L'application de ces différentes méthodes a été effectué par les logiciels des systèmes d'information géographique (SIG) ARC/Info et Idrisi et a permis de dégager en plus de cartes de vulnérabilité, des données importantes relatives aux deux zones d'étude concernant les paramètres recharge nette, lithologie et conductivité hydraulique de l'aquifère, lithologie de la zone vadose et pédologie.

La validité de ces méthodes de vulnérabilité à la pollution par les nitrates a été testée en établissant une comparaison entre la répartition des nitrates dans les eaux des deux nappes et la répartition des classes de vulnérabilité. Ceci a montré que la méthode SI est la méthode la plus valide dans les deux nappes quant à la pollution par les nitrates.

Mots clés : Vulnérabilité intrinsèque, vulnérabilité spécifique, nitrates, DRASTIC, SINTACS, SI, SIG.

Abstract

The two phreatic aquifers of Ras Jebel and Oued Guéniche (prefecture of Bizerta, Northeast of Tunisia) which respectively occupies areas of 35 and 83 km^2 have great economical importance because they are used for irrigation and domestic consumption. The areas of these aquifers are essentially occupied by agricultural zones characterised by an increasing use of chemical fertilizers which represents with the rejection of the industrial zones of Ras Jebel, Menzel Jemil and El Khétmine a permanent threat for the quality of ground waters. The study of the vulnerability to pollution of these aquifers was made by applying two intrinsic vulnerability methods : DRASTIC and SINTACS, and a specific vulnerability to pollution by nitrates method : SI. The application of these different methods was done using GIS techniques and permitted to deduce important data related to the two studied areas : net recharge, lithology and hydraulic conductivity of the aquifer, lithology of the vadose zone and pedology.

The validity of the different methods to pollution by nitrates was verified by comparing the distribution of nitrates in the ground waters with the distribution of the different vulnerability classes. That comparison demonstrated that the SI method is the best valid in the two studied aquifers.

Keywords : Intrinsic vulnerability, specific vulnerability, nitrates, DRASTIC, SINTACS, SI, GIS.

Faculté des Sciences de Tunis, Département de Géologie © 2007

Oui, je veux morebooks!

I want morebooks!

Buy your books fast and straightforward online - at one of the world's fastest growing online book stores! Environmentally sound due to Print-on-Demand technologies.

Buy your books online at
www.get-morebooks.com

Achetez vos livres en ligne, vite et bien, sur l'une des librairies en ligne les plus performantes au monde!
En protégeant nos ressources et notre environnement grâce à l'impression à la demande.

La librairie en ligne pour acheter plus vite
www.morebooks.fr

OmniScriptum Marketing DEU GmbH
Heinrich-Böcking-Str. 6-8
D - 66121 Saarbrücken

Telefax: +49 681 93 81 567-9

info@omniscriptum.de
www.omniscriptum.de

Printed by Books on Demand GmbH, Norderstedt / Germany